湖南省河湖长制
工作创新案例汇编

湖南省河长制工作委员会办公室
湖南日报新媒体发展有限公司 编

长江出版社
CHANGJIANG PRESS

图书在版编目（CIP）数据

湖南省河湖长制工作创新案例汇编 / 湖南省河长制工作委员会办公室，
湖南日报新媒体发展有限公司编 . 一武汉 ： 长江出版社，2023.12
ISBN 978-7-5492-9296-7

Ⅰ．①湖… Ⅱ．①湖… ②湖… Ⅲ．①河道整治－责任制－案例－
汇编－湖南 Ⅳ．① TV882.864

中国国家版本馆 CIP 数据核字 (2024) 第 019520 号

湖南省河湖长制工作创新案例汇编
HUNANSHENGHEHUZHANGZHIGONGZUOCHUANGXINANLIHUIBIAN
湖南省河长制工作委员会办公室 湖南日报新媒体发展有限公司 编

责任编辑： 郭利娜 许泽涛
装帧设计： 蔡丹
出版发行： 长江出版社
地　　址： 武汉市江岸区解放大道 1863 号
邮　　编： 430010
网　　址： https://www.cjpress.cn
电　　话： 027-82926557（总编室）
　　　　　 027-82926806（市场营销部）
经　　销： 各地新华书店
印　　刷： 武汉盛世吉祥印务有限公司
规　　格： 787mm×1092mm
开　　本： 16
印　　张： 11.75
字　　数： 264 千字
版　　次： 2023 年 12 月第 1 版
印　　次： 2023 年 12 月第 1 次
书　　号： ISBN 978-7-5492-9296-7
定　　价： 96.00 元

编委会

前 言

2022年，在湖南省委、省政府的坚强领导下，在水利部的精心指导下，湖南省河长制工作委员会办公室（以下简称"湖南省河长办"）发挥统筹协调作用，守正创新、多措并举、密切协同，各市州党委政府担当尽责、狠抓落实，不断推动河湖长制从"有名""有实"向"有力""有效"转变，河湖长制工作推进有力，河湖管理成效明显。湖南省河湖长制工作再次获得国务院真抓实干督查激励表彰。工作实践中，各地在完善河湖长制组织体系、强化河湖长履职尽责、压实河湖长责任、提升河长办履职能力、加强河湖管护与治理、强化部门区域协调联动、引导公众参与河湖管护、打造人民满意幸福河湖等方面进行了积极探索创新，涌现出一批可复制、可推广的典型经验和做法。

为及时总结推广各地典型经验，形成相互借鉴、共同提高的良好工作局面，2023年1月起，湖南省河长办在全省范围征集河湖长制工作典型案例。各地高度重视，14个市州河长办、省市河委会成员单位踊跃报送优秀案例。

受湖南省河长办委托，湖南日报新媒体发展有限公司组织编选了一批典型案例，供各级河湖长及河湖长制工作人员学习使用。本书共收录33篇案例，真实反映了各地推行河湖长制工作的成功实践，展示了在河湖长履职与责任落实、河湖管理保护长效机制建立、河湖突出问题监督检查及整改落实、区域及跨省联防联控、河湖长制考核与激励问责、流域统筹协调、部门分工合作、基层河湖管护、智慧河湖建设、公众参与、幸福河湖建设等方面的典型做法与经验，是帮助各级河湖长提升履职能力的生动教材，也是各地强化河湖长制工作、高质量完成工作任务的重要参考，为持续推动江湖协同、河湖共治提供有益借鉴。

在案例编写过程中，湖南省河长办成员单位、各市州河长办和省水利厅有关处室给予了大力支持配合，在此致以深切谢意。

编委会

2023年10月

目 录

河湖突出问题监督检查及整改落实

区域及跨省联防联控

河湖长制考核与激励问责

流域统筹协调

幸福河湖建设

河湖长履职与责任落实

持续推进小微河流清淤　打造老百姓身边的幸福河

——衡阳市积极推进小微河流清淤，助力幸福河建设

【导语】

衡阳市共有 483 条集雨面积小于 200 平方千米的小微河流，总长度达 5360 余千米，占全市河流总数量的 93.78%，是农业灌溉的重要水源。

衡阳市委常委会及市政府常务会专题研究决定，把小微河流清淤疏浚纳入河长制工作重要内容，市级总河长、市长亲自批示市财政要大力支持小微河流清淤疏浚工作。2021 年 8 月，衡阳市在湖南省率先开展小微河流清淤疏浚五年行动，计划在"十四五"期间完成全市 5000 千米小微河流清淤疏浚。

2022 年，衡阳市以河长制工作标准化管理为抓手，持续推进小微河流清淤疏浚工作，打造老百姓身边的幸福河，解决老百姓"急难愁盼"的身边事。截至 2023 年 10 月已完成 3200 余千米，得到当地老百姓的一致赞誉。小微河流清淤疏浚工作经验在《人民日报》作整版报道推介。

【主要做法及成效】

（一）高位推动，严密部署

2020 年，衡阳市河长办组织各县（市、区）召开了 1000 余次"屋场 + 河长制"恳谈会，收集河流问题 4219 个。其中，反映小微河流淤塞不通、水质差的问题达 65%，清淤疏浚小微河流成为村民的"急难愁盼"问题。市河长办将这一问题向市委、市政府反映后，引起高度重视，衡阳市委常委会及市政府常务会专题研究决定，把小微河流清淤疏浚纳入河长制工作重要内容，市级总河长、市长亲自批示市财政要大力支持小微河流清淤疏浚工作。

2021 年 8 月，衡阳市在湖南省率先开展小微河流清淤疏浚五年行动，衡阳市河长办在《关于进一步开展农村小微河流清淤的通知》中提出，"十四五"期间完成全市 5000 千米小微河流清淤疏浚。从 2021 年开始，每年完成 1000 千米，市财政按照 10000 元 / 千

米进行奖补。小微河流清淤疏浚工作由市水利局河湖与水资源中心负责具体指导与管理，各县（市、区）河长办负责促办落实与验收，乡、村两级负责具体实施。

衡山县白果镇丁家港清淤前后

（二）工作流程，步骤实施

衡阳市委、市政府高度重视小微河流清淤疏浚工作，3 年来，每年都会召开专题会议部署小微河流清淤工作，要求市河长办做好清淤计划，落实清淤任务。2022 年初，市河长办下发《关于报送小微河流清淤疏浚计划的通知》，对各县（市、区）小微河流清淤河段、工作要求进行详细安排，同时，市河长办和县（市、区）河长办下到乡镇考察调研，掌握第一手资料，然后再下达年度小微河流清淤疏浚任务。2022 年 8—10 月，市河长办对各县（市、区）小微河流清淤疏浚开展情况进行专项督查，对清淤进度进行通报，其间，市河长办多次开会调度各县（市、区）之间小微河流清淤疏浚工作，因地制宜，针对不同的河流情况制定不同的清淤计划，在不影响农业生产的情况下完成清淤任务。2022 年 10 月中旬，各县（市、区）河长办分组对辖区内清淤河流开展验收，验收合格后将准备的相关资料上报市河长办备案；市河长办与市财政局联合对各县（市、区）清淤河流抽查复核，对复核通过的河流报市财政局进行奖补。

（三）广泛宣传，群众参与

市河长办高度重视对小微河流清淤疏浚宣传工作，联系了衡阳电视台、《衡阳日报》、红网等多家媒体进行现场采访报道，并推送到省级媒体及新华网、《人民日报》等中央媒体，同时要求各县（市、区）广泛宣传，充分利用电视、报纸、微信群以及各种自媒体进行宣传，各乡镇录制小视频，并推出小微河流清淤疏浚典型经验。

3年来，祁东县充分利用"四老"对"六进"进行宣传；衡南县从项目公示到通过"党建＋河长制"开展屋场恳谈会，让群众对政府为民办实事的好感进一步增强。衡东县、衡山县、耒阳市、雁峰区、南岳区广泛发动群众参与，推动力度大，宣传力度大。

（四）百姓拥护，面貌改观

3年来，衡阳市小微河流清淤疏浚共投入资金4000余万元，其中市级财政奖补资金2550万元，县、乡配套资金约1500万元。通过项目实施，衡阳市已完成3200余千米小微河流清淤疏浚任务，约占全市小微河流总长的65%。清理淤泥2000多万立方米，出动挖机1800多台、运输车2650多辆，出动人员5万多人次。清淤疏浚工作经各县（市、区）验收全部合格，衡阳市河长办、市财政局复核抽查通过率为100%。已清理的河道面貌明显改观，水体质量明显好转，河道畅通，蓄水量增多，在2021年、2022年、2023年的防洪抗旱工作及确保农民增产增收中发挥了突出的作用。

衡阳县樟木乡王木乔河清淤疏浚前后对比

各级政府及部门积极响应，通过小资金大撬动，掀起了小微河流清淤疏浚高潮，同时涌现出一批先进事迹和模式，打造出350多条美丽河流。在此之前淤塞成小沟的河流经过清淤疏浚重新像画卷一样展现出来，大家再次找回了小桥流水的记忆，老百姓真心拥护，赞不绝口。衡山县店门镇融水溪河清理前杂草杂树全部遮住了河道，2022年干旱严重时完全断流，清淤后河流面貌焕然一新。常宁市西岭镇大排水属于欧阳海灌区的一条支渠，年久失修，多处崩塌，淤塞严重，通过清淤疏浚，畅通了河道。2022 年，该渠道在防洪与抗旱中起到了关键作用，沿渠道两岸粮食未出现减产情况。耒阳市大市镇结合小微河流清淤疏浚打造"一乡一亮点"乡镇示范河——芭蕉河，投入资金 30 余万元，2022 年清淤任务为 4.5 千米，实际清淤完成 10.5 千米。

【经验启示】

小微河流清淤疏浚畅通了河流的"毛细血管"，对提高河流防洪抗旱能力有显著的成效，同时也是建设健康美丽幸福河湖的一项不可或缺的举措，深受百姓欢迎。

（一）需要加强清淤疏浚后河道管护，进一步巩固成效

一是加强巡河护河管护，对基础比较松软的新修河堤要加固压实防止崩塌，有条件的进行生态护砌；二是加强水土保持、植树绿化、固化河堤、美化河岸等措施，打造美丽河湖；三是落实常态化河道保洁，每年要定期开展 2~3 次"清河净滩"行动。

（二）加大资金统筹力度

市河长办在项目建设中调查发现，单纯疏浚河道，按照工程量大小不同，一般 1 千米需要 1.5 万 ~3.0 万元，如果再进行基本生态护砌造价会上升 3~5 倍，按"幸福河湖"标准造价将会再提升 1~2 倍，只靠市级、县级奖补资金会比较困难。这 3 年来衡阳市通过市水利资金奖补、县乡配套，同时整合新农村建设项目资金及群众自筹等办法，很好地解决了资金缺口问题，其中祁东县、衡南县、衡山县就涌现出多起自筹资金清理河道的事例。

（三）要大力宣传扩大影响力

既要通过电视、报纸大力宣传报道，同时也可以通过微信公众号、自媒体、村村通等多种渠道进一步宣传；还可以采用"河长制＋屋场恳谈会"方式，让老百姓在家门口就能充分了解河长制的相关政策，了解清淤疏浚的好处，让群众自觉参与到爱河护河工作中。

（衡阳市河湖与水资源中心供稿，执笔人：肖静、唐国良）

架接"绿水青山"通往"金山银山"桥梁

——郴州市开辟流域经济绿色转型新路径

【导语】

郴州市是全国唯一经国务院批准以"水资源可持续利用与绿色发展"为主题建设国家可持续发展议程创新示范区的地级市,需要先行先试积极探索实现水资源可持续利用与绿色发展的系统解决方案,形成可操作、可复制、可推广的有效模式,在推动长江经济带生态优先、绿色发展中发挥示范效应。

自2022年以来,郴州市深入贯彻习近平总书记关于治水的重要论述,坚决扛牢"守护好一江碧水"政治责任,以构建治水"水立方"为统揽,将河长制与国家可持续发展议程创新示范区建设、打好污染防治攻坚战相结合,全面整治河湖突出问题,探索开拓出流域绿色转型的新路径,在落实河长制工作中实现"郴州好水、生活更美"目标。

【主要做法及成效】

(一)深入贯彻"两山"理念,凝聚全市上下思想共识

全市上下坚持生态优先、绿色发展的理念,以"河畅、水清、岸绿、景美、人和"为目标,将河长制工作作为生态文明建设的重要内容,用实际行动践行"绿水青山就是金山银山"的发展理念。

1. 市委、市政府高位推动

市委、市政府高度重视,市委常委会及市政府常务会先后7次研究部署河长制工作,市委书记、市长组织召开市总河长会议,把河长制工作纳入全市绩效考核指标,推动党政履责、部门履职、河长管河。

2. 各级河长积极履责

坚持市级河长带头履职,市委书记、市长严格履行"双总河长"责任,担负重点水域保护和治理责任。以2022年为例,市委书记、市长带头开展巡河8次,下发市总河长督办令 2 份、督办单 17 份。其他市级河长采取暗访随访、专题会议、督查督办等形式管河治河，全年召开巡河现场办公会、座谈会、调度会 30 余次。市级河长全年共开展巡河 62 次，现场交办问题 94 个。全市 3337 名河长共计完成巡河 14.8 万余次，推动各类涉河问题有效解决。

2022 年市总河长会议

3. 各级各部门全力推进

11 个县（市、区）和 32 个河委会成员单位提前谋划、精密部署，及早明确年度工作重点和完成时限，实行挂图作战。2022 年水利部、湖南省总河长会、湖南省河长办日常督查等交办的 10 项问题全部在时限要求前完成整治并销号；13 项湖南省河长制重点工作任务按要求如期完成；湖南省第 8 号总河长令稳步推进，全市共汇总上报妨碍行洪突出问题 13 处，全部按时按要求整改到位并销号。

（二）坚持以人民为中心的发展思想，整治河湖突出问题

牢固树立以人民为中心的发展思想，坚决扛起河湖管理保护的责任使命，紧盯群众关心的河流重点难点问题不放，狠抓落实，一批河流突出问题得到有力解决。

1. 聚焦"四乱"整治

"四乱"整治解决了桂阳县欧阳海库区非法围垦这一历史遗留"老大难"问题。从 2018 年省河长办交办欧阳海库区"清四乱"工作以来，市委、市政府高度重视欧阳海库区矮围拆除整治问题，市委、市政府主要领导、分管领导多次亲临现场指导督办，召开大小会议 20 余次，部署推进此项工作。桂阳县委、县政府举全县之力，累计投入 1.2 亿元专项资金用于欧阳海库区"四乱"问题整治。截至目前，桂阳县欧阳海库区共完成"四乱"

问题整治 245 处，共整治水域面积 1.8 万余亩（1 亩 =0.067 公顷）。欧阳海库区"四乱"历史性难题得到根本性整治。全市共整治河湖"四乱"问题 334 处。

2. 聚焦源头管控

全面开展尾砂污水入河专项整治。综合实施采矿破坏水体修复工程，对全市 103 座尾矿库实行逐一编号管理，共治理"头顶库"20 座，所有尾矿库建立污水处理设施，三级以上库建立监测系统；苏仙区永盛矿业、玛瑙山矿业打造矿山循环经济新模式，实现尾砂尾渣综合回收"零排放"。投资 8000 余万元，对城区郴江河沿线排污口进行全面摸排，完成 32 处污水直排口、雨污混排口的整治工作；投资 1.98 亿元，实施市城区排水管网清污分流和污水处理厂应急扩容改造工程，从源头上解决雨污分流问题，进一步改善郴江河、燕泉河、同心河水质水环境。

3. 聚焦水体治理

实现东江湖水质稳定提升和马家坪电站断面水质"消劣"目标。按照"六个一批"（依法逮捕一批、处罚一批、关闭一批、整治一批、问责一批、处理一批）要求，开展东江湖流域保护和治理"春雷行动"，目前已刑事强制 10 人、立案查处 32 件；出湖水质稳定

郴江河水清岸绿

保持 I 类，12 个国省控断面水质达标率 100%，总磷平均浓度同比下降 44%~54%。对临武县陶家河三十六湾、香花岭矿区进行大力整治，关闭、炸毁非法矿点 1170 个，优化整合三十六湾矿区从 17 家企业到只保留 2 家，将三十六湾及周边矿区所有涉重金属污染地区全部纳入国家治理规划，共获得中央专项资金 5.53 亿元，实施历史遗留重金属污染治理项目 17 个。通过实施系统治理，甘溪河上游地表尾砂已大部分稳定固化（固化治理尾砂约 1223.45 万平方米），流域生态环境和水质得到有效改善。针对马家坪电站大坝断面水质超标问题，投入 1600 余万元，开展技术攻关，分段削减污染物浓度。目前，马家坪电站大坝断面水质均值达到 III 类，实现"消劣"目标。

（三）构建郴州治水"水立方"，大力实施系统治理

强化山水林田湖草沙协同治理，推动上中下游地区的互动协作，全面构建郴州治水"水立方"的"四梁八柱"，树立"郴州好水、生活更美"形象品牌。

1. 新理念引领

始终坚持以人民为中心的发展思想，锚定"郴州好水、生活更美"目标，深化"四水联动"（护水、治水、用水、节水），统筹"八水共治"（水安全、水资源、水环境、水生态、水产业、水文化、水科技、水管理），全面构建"水立方"。

2. 高规格推动

2022 年市河委会出台《郴州市构建"水立方"四年行动方案（2022—2025 年）》，明确构建郴州"水立方"总体要求、基本思路、主要任务、保障措施。

3. 大格局谋划

以流域为治水基本单元，以一轴五带（一轴：耒水，五带：郴江、西河、武江、春陵水、永乐江）为纽带、以 45 座大中型水库为节点，统筹上下游、左右岸、干支流，构建"郴州好水"水网。推进实施分质分类供水，推动形成多水源城市供水格局和优水优用安全格局；全域统筹推进城乡供水一体化，打造"四带数片多点"的城乡供水格局；推进郴州市水资源利用与保护教育基地（郴州市水情教育基地）等水文化宣传与教育场地建设，开展构建"水立方"各类宣传活动，打造全民护水模式。

4. 多渠道筹资

整体包装一批建设项目，通过争取财政资金、申报政府专项债、引进社会资本、用活金融机构资金等多渠道筹资，累计争取小型水库除险加固河湖治理一般债券 17030 万元、政府专项债券 54600 万元。

5. 全链条监管

抓好水资源开发、利用、治理、配置、管理、保护全过程监管，充分运用信息化手段，提高监管效能，全市水环境质量进一步提升。截至目前，全市 53 处国考、省考断面水质达标率为 100%，优良率为 98.1%，河湖水生态环境持续改善，"水清、河畅、岸绿、景美、人和"的美好愿景正在逐步实现。

（四）架接"绿水青山"通往"金山银山"桥梁，开拓流域经济绿色转型新路径

以保护河湖水生态环境、提高水资源利用效率为根本，因地制宜，因河施策，积极探索新时期流域经济带绿色转型发展，让郴州的绿水青山成为人民群众实实在在的金山、银山。

1. 用好"冷热净绿"水优势

依托东江湖大数据中心打造华南绿色数据谷，已签约落户 3 个数据中心共 2.48 万个机架，吸引了淘宝等 60 多家企业入驻；依托西河沿线大力开展水系连通和水美乡村建设，打造全国闻名的乡村振兴示范带；依托汝城热水温泉、郴州国际温泉城等，做大温泉康

西河苏仙段沿岸特色水稻种植

郴州水世界

养休闲产业；围绕好水养好鱼、好水放好鸭、好水浇好茶，做优"郴品郴味"，已开发东江湖茶、东江鱼、玲珑王茶、桂阳五爪辣等农产品地理标志登记产品，永兴冰糖橙、宜章脐橙等14个农业区域公用品牌及舜华临武鸭等154个知名企业品牌；依托郴江、东江湾、仰天湖、北湖、翠江、东湖等河湖大力发展"郴州八点半·夜空最闪亮"夜经济，郴江沿岸欢乐海岸、裕后街等成为夜经济新热点，北湖公园水幕光影秀、夜游翠江、东江湾花月夜、北湖仰天湖、西河乡村游成为网红打卡地。

2. 做优涉水融资平台

积极推进郴资桂供水融合，将一些竞争性强、投资回报率高的城市供水项目与收益相对较低的农村供水项目"肥瘦相搭"投向市场，郴电国际正在洽谈引入葛洲坝集团作为郴资桂城乡供水一体化工程战略投资方。

3. 深化对外开放与联动

加强与长江经济带城市、粤港澳大湾区、国内创新示范区等交流对接合作，鼓励涉水企业积极参加中国国际进口博览会、亚欧博览会等境内外知名展会，把郴州"水立方"构建深度融入对接粤港澳大湾区的工作中。加强与广东省佛山市、江西省吉安市在治水管水经验上的交流对接合作，与江西省赣州市、广东省韶关市等地协同推进流域联防联控机制建立。

【经验启示】

（一）加强组织领导

市河委会、市河长办加强组织领导、统筹协调、督促指导，强化"党委领导、政府主抓、部门联动、社会参与"的工作机制。各县（市、区）河委会和市直相关部门积极主动参与，形成全市上下齐抓共管、共同推进河长制的有效合力。

（二）加强顶层设计

推进河长制是一项系统工程，要树立全局观念、系统思维，始终坚持规划先行。郴州市科学做好《构建"水立方"四年行动方案》《"水美郴州·幸福郴江"建设方案》等方案编制，积极推进试点探索，总结成功经验并予以大力推广，有力推进流域系统治理和生态转型。

（三）加大资金投入

加大市、县两级财政资金投入，积极争取上级政策和项目资金支持，强化投融资平台对水资源可持续发展的服务力度，积极引导企业等社会资本参与农村安全饮水、小水电现代化改造等基础设施建设和生态环保项目，最大限度地盘活水资产，不断优化政府财政投入、金融信贷支持、社会资金参与、受益主体主动的多元投入长效机制，为全面推进河长制、开拓流域绿色转型提供强有力的资金保障。

（四）加强考核调度

强化常态化调度，建立"一月一调度、一季一通报、一年一考核"的工作机制。将河长制各项工作任务完成情况纳入全市重点工作绩效考核内容，市河长办科学制定年度考核任务和考核细则，充分发挥绩效考核"指挥棒"作用。

（郴州市河长制工作委员会办公室供稿，执笔人：欧阳志杆、李锐）

聚力构建治水新格局 奋力谱写水美新篇章

——邵阳市三措并举提升河湖长制工作成效

【导语】

邵阳境内水系发达，溪河密布，5千米以上河流633条，分属资水、沅江、湘江、西江（珠江流域）四大水系，现有水库1241座。资水水系遍及全市9县（市、区），流域面积14755.3平方千米，占全市国土面积的70.9%。沅江水系主要分布在城步、绥宁、洞口、隆回县，流域面积4197平方千米，占全市国土面积的20.2%。湘江水系主要分布在邵东、新邵、新宁、邵阳县，流域面积1365.4平方千米，占全市国土面积的6.6%。西江水系有20条支流发源于城步苗族自治县南部山地，流域面积512.3平方千米，占全市国土面积的2.5%。

美丽河湖——平溪江

随着城镇扩建、工业发展，人水争地问题日益突显，河湖保护与开发利用矛盾突出，水环境保护治理面临新考验。自全面推行河湖长制以来，邵阳市按照"压实责任体系、提升治水

美丽河湖——邵水

能力、强化目标导向"的工作思路，依托邵阳实际，创新机制、提升效能，推动河湖长制工作走深走实，全市河湖面貌持续好转，水环境质量持续提升，编织出一幅水清流畅、岸绿景美、人水和谐的优美画卷，人民群众幸福感、获得感、安全感显著增强。

【主要做法及成效】

邵阳市委、市政府坚持将生态文明建设政治责任、主体责任与落实河湖长制工作紧密结合起来，始终站在忠诚拥护"两个确立"、坚决做到"两个维护"的高度，抓实河湖管护工作，坚持打基础、谋长远，不断健全和深化河湖管理保护机制。

（一）压实责任体系，奋力在履职尽责上见担当

突出"四个狠抓"，健全"纵向到底、横向到边"的责任体系。

1. 狠抓高位推动

市委、市政府坚决扛牢生态文明建设政治责任，多次召开市委常委会会议、市政府常务会议、市总河长会议，研究部署河长制工作，调整优化河长设置。市"四大家"主要领导、分管领导带头巡河，亲自督导，有力推动县、乡、村三级河长管河、护河、治河责任。仅 2022 年全市河长累计巡河就达 17.5 万人次，有效解决"四乱"、妨碍行洪等涉水问题 21 万余项。

2. 狠抓代表监督

为完善河湖长制监督机制，提升监管效能，2022 年在湖南省率先创新推行"河湖长制"代表委员专项监督体系，设立代表委员、监督员 3502 人，累计开展"脚踏式"巡河 6523 人次，督促各级河长、部门发现并整改问题 2137 个，加速推动邵阳市河湖长制工作"有能有效"转变。

河道警长现场执法

3. 狠抓河长述职

推行河长述职评议制，推动河长增强"比学赶超"意识。各级河长累计述职 5575 人次，将各级履职不力的河长及时调整出相关岗位，形成在岗即履职、履职见成效的工作局面。

4. 狠抓电视问政

开展河湖长制"电视问政"活动，组织河长走到幕前，直面群众、直面问题，拿出计划书、晒出成绩单，全面接受媒体和群众检视，有力推动各级河长明责、担责、尽责。

（二）提升治理能力，奋力在齐抓共管上见行动

坚持"四个强化"，全面提升治水能力，构建共管共治新格局。

1. 强化流域协作

坚持河湖治理"流域一盘棋"工作思路，高效推进上下游、左右岸力量整合和工作协同，积极开展县级"一体化"巡查试点，探索河湖"物业式"管理，推动河湖管护向专业化方向发展。累计签订县域联动共治协议 326 份，开展流域巡查督查 53 次，跨区域解决重点难点问题 1600 余个，有效解决了"上下游不同步，左右岸不同行"的问题。

2. 强化部门联动

充分发挥"一河一警长"平台作用，整合各级行政、司法等部门力量，严厉打击涉水违法犯罪行为，累计开展联合执法 120 次，办理案件 141 件，打击处理 191 人次。深化"河长+检察长"协作机制，高效推进涉水违法公益诉讼，全年累计移交办结涉及案件 72 件，推动落实行政执法和检察监督的有效衔接。

3. 强化科技赋能

全市累计投入 2600 余万元，增设高清摄像头 2200 余个，整合防溺水、渔政等监控设施，完善"智慧水利监管平台"，对各县（市、区）城区河道和农村主要河流（河段）监控全覆盖，建成"天上看、网上管、水上巡、掌上查"的立体化监管模式，实现了河道、水库全天候、无死角、网格化、可视化预警监测，及时高效处置涉河涉水问题。

智能巡河 AI 系统平台

4. 强化社会共治

广泛动员社会力量，加强微信公众号、微博等新媒体的宣传力度，不断加强涉水法制多元化宣传，利用"世界水日""中国水周""世界环境日"等时间节点，持续开展河湖长制"四进"活动。对涉水违法问题实行有奖举报，鼓励引导社会积极参与，营造"全民共治"的浓厚氛围，筑牢河湖保护群众基础。实行"网格化"管理、"一体化巡查"、"物业式"管护等举措，增强"共治"力量，夯实"共治"基础，提升"共治"效果。组织开展"河小青""企业河长"等多种形式的志愿者活动，发展志愿者1.2万余人，推动"清河净滩"等志愿活动常态化开展，社会化治水氛围全面形成。

"世界水日""中国水周"宣传活动

小滩主护河行动

（三）坚持目标导向，奋力在攻坚克难上见成效

坚持生态惠民、生态利民、生态为民，紧扣河长制工作"六大任务"，着力解决损害群众利益的重点难点问题，确保河湖安澜。

1. 强基保安

邵阳市在严守安全底线的基础之上，以着力提升水利设施本质安全水平为根本，多次召开河长制工作推进会议专题部署，对标对表大力组织山塘清淤、水库除险、河道扫障等专项行动，高质高效完成135座小型病险水库除险加固等14项省定重点任务，全面开展水库、水闸等涉水工程排查整治，组织专家对存在的病险隐患"把脉问诊"，有力保障水利设施安全。

2. 治乱畅流

深入贯彻落实习近平总书记关于防汛抗灾工作重要指示批示精神，严格落实湖南省第8号总河长令"应查尽查、应改尽改"要求，制定专项整治方案，对河湖"四乱"等妨碍河道行洪问题全面开展排查整治，悉数纳入台账管理，逐一挂单销号。全年共整治河道"四乱"问题1089处，依法依规拆除违建房屋2236平方米，进一步强化河湖水域岸线管理，保障河道行洪畅通，切实扛牢防洪安全政治责任。

3. 清波优环

扎实开展洞庭清波专项行动，着力保护水安全、维护水生态、改善水环境，市县财政共安排 2.8 亿元专项资金，按期保质完成城步、新宁等 10 座小型水电站清理退出工作，打通鱼类洄游"生命通道"，实现鱼畅其游。

4. 防灾惠民

面对历史罕见旱情，河湖长制充分发挥牵头作用，积极协调推进节水抗旱工作，研究出台《邵阳市防长旱抗大灾 10 条措施》具体举措，创新建立蓄、调、引、送、节、降"六水"保民生抗旱措施，先后动用抗旱劳力 21.35 万余人次、投入抽水设备 5.56 万台次、组织送水车辆 97 辆，累计渠道清淤 1156 千米、开辟应急水源 3427 处、打井 317 口、紧急送水 5795 台次、调水 28295 立方米、精准蓄水 1.2 亿立方米、引提水 0.2 亿立方米、人工增雨 56 次，有效解决饮水人口 3.95 万人，缓解农田受旱面积 25 万余亩，确保城乡居民生活用水，确保粮食生产安全，确保大旱之年无大灾。

【经验启示】

河长制是以保护水资源、防治水污染、改善水环境、修复水生态为主要任务的一项复杂的系统工程。做好治水护水工作是关系经济发展和定国安邦的大事。全面推行河长制，是贯彻落实习近平生态文明思想的重要举措，是党中央、国务院的重大决策部署。我们必须不断深化思想认识，强化责任担当。

（一）压实工作责任

各级总河长要统筹部署本辖区河湖管理保护工作，带头开展巡河、巡湖，亲自部署重大工作、解决重大问题。各级河长办要发挥牵头抓总作用，履行好组织协调、分办督办职责，推动各项重点工作落地落实。各有关部门要主动担当作为，从规划、政策、项目等方面加强协同，形成推动兴水治水的强大合力。各县（市、区）要发挥好乡镇河长制专门工作机构、专职工作人员作用，合理安排乡村河库保洁员，确保河库不仅有人管有人护，更要管得住护得好。

（二）强化能力建设

要坚持依法治水，深化法治体系建设，落实好《中华人民共和国长江保护法》等涉水法律法规，不断提升河湖保护治理水平，推动河湖长制从"有名""有实"向"有力""有效"转变。要加强水域空间信息化监管，充分利用互联网、大数据、无人机等手段，深化"智慧河长"平台建设，推动河湖管理保护向数字化、网络化、智能化发展，努力实现从粗放管理向精细管理、从局部治理向系统治理转变。

（三）加强宣传引导

保护江河湖泊是全社会的共同责任。要坚持正确的舆论导向，发挥广播、电视、报刊等各类媒介作用，通过群众喜闻乐见、易于接受的方式，加强水资源普法宣传，全面增强全民节水、惜水、护水意识。要加强社会监督，强化群众参与，积极引导社会力量巡河、护河、治河，营造全社会关爱河湖、珍惜河湖、保护河湖的浓厚氛围。

（四）从严督查考核

要充分发挥考核评价的指挥棒作用，坚持激励约束并重，把河湖长制工作作为领导班子高质量发展考核的重要参考，作为领导干部自然资源资产离任（任中）审计的重要内容，形成激励担当、奖优罚劣的鲜明导向。要巩固深化"洞庭清波"专项行动，不断完善交办督办机制，常态化开展监督检查，对敷衍塞责、不担当、不作为、失职渎职的单位和个人，依法依规从严追责问责。

（邵阳市河长制工作委员会办公室供稿，执笔人：阮勇、秦帅彬）

实干治水 智慧管水 开门护水 促产兴水

——株洲市芦淞区以"水"落笔绘就美丽富饶幸福城

【导语】

　　株洲市芦淞区围绕"水"做文章，将过去以污染治理为主的水生态环境保护向新时期的水资源、水生态、水环境等流域要素协同治理、统筹推进转变。以水润城、以水兴业，完善"实干治水"的河长制体系，打造"智慧管水"的现代化平台，构建"开门护水"的全民护河格局，形成"促产兴水"的幸福民生效益，探索出一条生态美、产业兴、百姓富的人与自然和谐共生之路。芦淞区连续 5 年获评全市优秀，2021 年荣获"湖南省真抓实干激励表彰"，芦淞区内的大京水库、枫溪港被评为"湖南省美丽河湖"，《人民日报》为芦淞河长制助力乡村振兴点赞。

【主要做法及成效】

（一）实干治水，党政"一把手"实行层层明责

河长制在于河长治，在于党政"一把手"的理念和重视程度，在于各河委会成员单位的倾力配合，真抓实干。

　　1. 坚持思想引领

　　打造"动力党建 幸福河湖"芦淞区河长制主题公园，各级党委（党组）定期到河长制主题公园参观和学习习近平总书记的治水思想。各级党委、政府主要领导通过"第一议题"制度、中心组学习学深悟透习近平生态文明思想以及习近平总书记关于全面推行河长制的重要论述，牢固树立绿水青山就是金山银山的理念，站在人与自然和谐共生的高度谋发展，坚决打好碧水攻坚战，以实际行动忠诚拥护"两个确立"、坚决做到"两个维护"。

　　2. 健全工作机制

　　构建"河长＋河长办＋责任部门＋巡河护河员"的工作体系，区委、区政府主要负责人均担任总河长，区委、区政府班子成员分别担任辖区 14 条重要河流（水库）的区级河长，区、镇（街道）、村（社区）"一办三长两员"做到全覆盖，全区设立行政河长、河道警长 172 人，招募民间河长 200 人，配备办事员、保洁员 108 人。实行"六有"标准，投入 50 余万元，有序推进全区 8 个镇（街道）、45 个村（社区）河长办标准化建设。

3. 强化责任落实

推行河长履职"巡、治、考、报"四字诀和巡河"看、查、交"三步法，推动各级河长做到"App 打卡"和纸质记录两个全覆盖，各级河长年均巡河达 3200 人次，年均交办解决问题 1100 件。开展河长述职评议，推出"月调度、月通报"、红黑榜、常态化暗访等举措，及时对履职不力的进行约谈提醒，河长制年度考核结果纳入各镇（街道）工作督查的重点，纳入区绩效评估体系，纳入领导干部自然资源离任（任中）审计的重要内容。

（二）智慧管水，高科技引领数字监管护航

按照"需求牵引、应用至上、数字赋能、提升能力"要求，以数字化、网络化、智能化为主线，建设"智慧河湖"3.0 系统。实现"飞控、固定、移动、数字"四个应用场景管理模式，实现全方位不间断巡查，智能识别分析完成后自动生成问题清单报告，提升河湖问题上报及处理的时效性与准确性。

1. 飞控应用场景

立足于芦淞航空产业优势，联合研发无人机自动起降机场，建立全自动无人机地面数据采集系统，将 14 条区级"河长制"管理的河流、水库全部纳入无人机巡查范围，通过定时、定航线的"空中河长"（无人机）开展全域巡河，实现巡河数据自动上报、巡河飞行自动控制、巡河航线自动规划，极大地提高了无人机的利用率和工作效率。

2. 固定应用场景

在河道重点位置布点 50 余个"智慧柱"，并整合水库雨水情、渔政、水文监测等，建设"智慧在线"音视频监控系统，实现 24 小时在线监控，通过电脑远程遥控，对河道四周进行检查，通过音频系统，及时对发现的违规问题进行劝阻。利用无人测量船定期准确检测湘江流域、河湖水库、支干流流域中的化学需氧量、pH 值、氨氮、水温、溶解氧及浊度等污染因子指标，对目标点水样进行自动抽样和监测。

3. 移动应用场景

开发"河湖长眼"微信小程序，上下级河长通过手机移动终端实时巡河直播，多级河长可实时在线联动，手机移动终端实时图传系统将河长巡河全过程实景上传，区河长办通过视频调阅，及时交办河湖管护问题，做到发现一个、整改一个、销号一个，有效解决了对巡河发现的问题视而不见、见而不报等现象，提升了巡河频率、效率。

4. 数字应用场景

采集辖区所有河段及水库数据，并收录所有水域的数据信息，划分 64 个网格单元，

建立 3D 数字河湖档案，对河湖岸线情况、违法占地、非法排口、治理效果等实现精准导向和记录。引入河湖建筑设施的倾斜摄影、三维影像建模、河湖 720° 全景影像等技术，将数字流域以虚拟现实的方式进行融合展示，为河湖管理提供数据决策支撑。AI 智能视觉识别算法自动解译与智能分析河道漂浮垃圾、水面蓝藻、道旁违建、新增圈圩、非法排污等河湖问题，智能识别分析完成后自动生成问题清单报告，推送给区河长办和对应河长，提升了河湖问题上报及处理的时效性与准确性。

（三）开门护水，发动全民携手守护幸福河

坚持共治共享，大力弘扬志愿服务精神，引导全社会关心关注、广泛参与水资源保护、水污染防治、水生态修复等治理、保护、监督工作。

1. 河长制 + 党建带动

印发《"动力党建 幸福河湖"工作实施方案》，全区各级党组织将主题党日活动开在河边，将党旗插在河边，开展活动 200 余场，5000 余人次参与。建成"动力党建 幸福河湖"河长制主题公园，深入宣传习近平生态文明思想、习近平总书记关于全面推行河长制的重要论述。

"动力党建 幸福河湖"河长制主题公园

2. 河长制 + 阵地促动

打造一"站"（河长驿站）—"校"（河小青示范学校）—"中心"（河小青行动中心）全阵地矩阵，让全民护河的热情更高、保障更足。形成由"党政管"到"全民管"的爱河护河格局，打通河长制"最后一公里"。广泛放置"全民护河"二维码，广大群众可线上举报监督河湖问题，并实时查看问题"接、转、办、督、核"闭环式处置过程。

3. 河长制 + 全民联动

与新时代文明实践中心联合举办活动，全国、省、市级文明（标兵）单位主动认领河

段，定期开展宣传引导、垃圾清理等活动。邀请人大代表、政协委员开展河长制专项视察、督查7次，组织"河湖卫士""青蓝志愿者""民间河长""河小青"等社会力量，参与志愿巡河护河活动6000余人次，发现垃圾污染、乱堆乱倒、影响生态等问题300余件。

芦淞区河长驿站 芦淞区河小青行动中心

（四）促产兴水，河长制促绿色产业拔节生长

坚持与产业发展、乡村振兴、文明建设相结合，将河长制工作与乡村规划、乡风文明、产业发展、改水改厕、污水治理等工作深度融合、统筹实施，呈现出互促互进、相得益彰的良好效果。

1. 助推乡村振兴

全力打造健康富饶的关口山河，通过推进水利基础设施建设，打造滨水风光带，联合自驾游协会联手打造旅游观光农业项目，主动对接"建宁优选"等线上平台，帮助农民解决销路，让百姓享受到水美人和、产兴业富的幸福生活；整治白关铺河，为休闲旅游夯实

开展"全面推行河长制，共建清洁地球"净滩护水主题活动现场

基础。

2. 助推产业升级

建成湖南省唯一的洗水工业园，原来的洗水"黑产业"变成"绿产业"，洗水企业安心经营，抱团做大，有力助推服饰产业绿色转型。如今，芦淞区仅女裤加工厂就超过1000家，服饰产业成为株洲市第二个千亿元产业集群；加强小流域治理、完善小农水工程，支持白关丝瓜产业做大做强，仅2022年白关丝瓜产值就近6亿元。

3. 助推企业发展

通过政企合作方式引导翔为通航、市航校等拓展运营领域，丰富应用场景，参与洞庭湖勘察作业、防汛救灾、河长培训以及巡河等工作。打造大京水库"省级最美河湖"带动乡村旅游，吸引游客15万人次，实现营业收入3950万元。

【经验启示】

芦淞区因地制宜创新管护体制机制，形成以流域为体系，横向到边、纵向到底、全覆盖、无盲区的治水体系。

（一）高位推动"河湖管护"

明确"河长"为河长制管理的第一责任人，实行全区上下一盘棋，理顺管理体制，落实管理责任，形成了分段监控、分段管理、分段考核、分段问责的格局。各"河长"认真履责，各部门各司其职，保障河道治理推进到位。

（二）科技助力"智慧管水"

芦淞区"智慧河湖"3.0管理系统的建成，构建了"天空地人"四网监测护河体系，全面实现河湖问题"看得清、管得住、查得到、连得上、全覆盖"，实现了流域水质保护、流域生态系统保护和改善、污染物排放负荷削减、水土保持等效益。河道管理的工作效率提升70%以上，为芦淞区河长制工作提供决策依据和业务支撑。

（三）公众参与"全民护河"

实行河流的综合治理，仅靠政府单打独斗难以奏效，必须充分发挥人民群众的力量和作用。芦淞区坚持凝智聚力，打造全民共建共管、共治共享格局，采用聘请社会监督员、招募民间河长、设置河道警长等多种方式，持续深化全民治水格局，增强全民治水护水氛围，开辟水利强监管新渠道。

（株洲市芦淞区水利局供稿，执笔人：黄永立、喻文杰）

衡阳市蒸湘区：标准化推进河长制常态化守护三江水

【导语】

蒸湘区位于衡阳市区西部，因蒸水河与湘江合流贯穿全境而得名，下辖2个镇，3个街道，21个村，31个社区居委会，总面积88.6平方千米，常住人口26万人。蒸湘区境内9条河流总长66千米，有蒸水河、柿江河、幸福河3条市级河流。近年来，区委、区政府认真贯彻落实习近平生态文明思想，忠诚践行"守护好一江碧水"的重要指示精神，以"河畅、水清、岸绿、景美"为目标，以标准化管理推动全区河长制高质量发展，全方位开展监督河长制工作，守护美丽三江水，取得了良好成效。2021年，蒸湘区河长办获评"衡阳市河长制工作先进单位"，蒸水河水质达到Ⅲ类标准，蒸水河蒸湘段获评"省级美丽河湖"。

【主要做法及成效】

（一）"严"字当头，坚持高压推进

1. 纪委牵头，责任倒逼

区委、区政府出台了《2022年蒸水（蒸湘区段）标准化管理示范河建设方案》，成立蒸水（蒸湘区段）标准化管理示范河建设领导小组，由区委副书记任组长，副区长任副组长，各河长制相关成员单位负责人为成员。领导小组下设办公室，由区水利局党组书记任办公室主任，负责协调标准化管理示范河创建各项工作。

2. 标准落细，责任到岗

2022年，蒸湘区以河长制标准化管理为契机对这些标准进行了全面梳理。在基础类、管理类、技术类、指标类标准中反复筛选，立足区情研究实施措施，先后举办了2次培训班，对河长公示牌、村规民约、问题导向巡河、河道保洁等重点工作进行讲解，做到一事一标准，一标准一常态。

3. 制度跟进，负责到底

建立健全河长制领导小组联会、河长制工作挂牌督办、河长制工作考核办法、河长制信息共享、群众举报奖励等制度，为河长制提供坚强制度保障。坚决落实河长巡河提醒、约谈制度，完善河长履职档案。2022年，蒸湘区积极探索"党建＋河长制"和"河长＋检察长"协作机制。全区17名党员认领河流河段，召开河长制屋场恳谈会3次，收集意见建议11条。

（二）"管"字为要，坚持硬核治理

1. 突出水域治理

加强水环境监管，安排专人每天对重点排污口、幸福河补水口等开展巡查，完成幸福路小学对岸直排水管封堵以及北塘虹苑露天污水排污沟的综合治理方案。全区设区级河长10名、镇级河长15名、村级河长23名、河道警长5名、河道保洁员26名，层层压实河流管护、治理主体责任，确保守水负责、护水担责、治水尽责。2022年区级河长巡河44次，镇级河长巡河360次，村级河长巡河828次；区级河长下交办函22件，解决实际问题22个。

2. 严格岸线管控

成立城区河道管理综合执法队，开展预拌混凝土、畜禽养殖等涉水环境行业专项执法行动。加强农业面源污染防治，联合市直执法部门开展农药包装废弃物违规处置专项整治，在新民村、土桥村开展水肥一体化技术试点。切实加强垃圾压滤液和粪污废水临时倾倒点管理，严厉打击偷排行为。

3. 优化河道保洁

针对不同河流，科学制定契合实际的保洁方案，实现蒸水河（风光带）全河段河道保洁市场化运作，并畅通了与市水上环卫所、蒸水河风光管理处河岸、水面保洁协同机制。与石鼓区签订河道保洁共管协议，同心协力推进杉旭河保洁工作。近期，组织民间河长，环保志愿者，各镇、街道河长办，河长制成员单位开展"清河净滩"专项行动，累计出动80余人次。

守护蒸水母亲河，民间河长在行动

（三）"督"字托底，坚持开门治水

大力推动多维监督体系建立，助力巩固河长制标准化建设成效。

1.加强纪检监督

以省、市"洞庭清波"专项行动为切入点，围绕生态环境问题夏季攻势、行洪障碍物排查等重点工作，通过纪委监督督促问题整改和河长制相关部门履职。

2.加强检察监督

建立"河长＋检察长"协作机制，在区河长办设立检察办公室，不定期协同办公，实现了行政执法与检察监督有效衔接，提高涉河问题解决时效。通过河长与检察长携手巡河，2022年针对蒸水河交通工程学院生活污水直排、鸡市河沿河工厂污水直排等4个问题开展立案调查，并根据调查结果对相关违法主体提起公益诉讼。

3.加强党员监督

在2021年"党建＋河长制"工作的基础上，蒸湘区持续深化"河长制屋场恳谈会"党建品牌。2022年全区党员认领河流的面更广，作用发挥更好，收集的11条涉河意见建议均已解决。

4.加强民主监督

蒸湘区是高校聚集区，党外人士资源丰富。2022年民革市委、致公党市委先后对蒸湘区河长制工作、生态湿地建设、水资源的综合利用开展调研，区各民主党派工委将河流生态治理纳入2022年重点调研课题。

蒸湘区积极参与"守护碧水 河你有约"清河净滩活动

5. 加强社会监督

充分发挥民间河长、"雁水清"、"河小清"等爱河护河人士力量，规范了一长一牌设置，畅通了监督举报渠道。按照开放式受理、闭环式办理、清单式管理处理举报线索，推动形成了开门治水的良好局面。

（四）"防"字维安，坚持水陆并进

全面推进"河长制+防溺水"，需要岸上岸下、城市乡村、水陆并进，建立点线面立体式治理系统。蒸湘区从农村人居环境整治这个"点"入手，实施"村庄清洁行动"，全区两个镇、两条街道全面启动户厕、公厕改造工作，在此基础上，城区实施水环境综合治理工程。通过雨污分流、排水防涝、黑臭水体治理，城区生活污水集中收集效能显著提高，城市生活污水集中收集率、进水浓度在衡阳市排名靠前；省控考核断面达标率、蒸水城区饮用水水源地达标率均为100%。一方面抓水塘和河流防溺水工作，另一方面整治干渠及

蒸湘区呆鹰岭镇杉旭河创建示范河宣传栏

支渠存在的乱堆、乱倒、乱排、乱种、乱建等历史遗留问题和新增问题。沿渠3个乡镇（街道）联合相关单位、河长与防溺水盯守员巡渠，排查问题，持续开展整治行动，整治干渠和支渠问题，确保了"主动脉"和"毛细血管"的安全畅通。

【经验启示】

（一）管好"责任田"，推动河长制再升级

进一步明确各级河长工作职责，定期开展巡河巡查、研究调度等各项河长制工作。提升河长制信息管理信息化手段，在确保督促各级河长定期开展巡河的基础上，注重发现问题、研究问题、解决问题，让河长真正参与到河流治理中，成为撬动源头治理的"支点"，推动河流面貌不断改善。

（二）用好"快进键"，开展"示范河流"大建设

以区级示范河杉旭河为建设重点，因地制宜地开展河道清淤疏浚、美化亮化、景观打造等建设项目，推动形成示范河流创建与乡村振兴有机融合的新格局。

（三）念好"日常经"，强化水域常态化管护

进一步提升全流域河道保洁频率、保洁质量，加强浮萍高发期间特殊保洁，确保河面垃圾"日日清"；进一步加强河岸管护，持续推动河流"四乱"清理以及防止"四乱"问题反弹。

（四）当好"宣传员"，凝聚社会力量参与河道管理

创新开展护河宣传保护活动，进一步凝聚社会共识；充分发挥民间河长工作优势，加强河流保护监督与宣传。

（衡阳市蒸湘区水利局供稿，执笔人：罗健）

河湖管理保护长效机制建立

党员协理聚合力　河湖治理开新局

——岳阳市创新推行河湖治理"党员协理长"工作机制

【导语】

2022年，岳阳市以深入开展"巴陵先锋十项行动"为主抓手，创新推行河湖治理"签约协理"工作，积极探索"党建＋河长制"河湖治理新模式，以强化党的建设为引领，以"协理联管理、协理助治理"，突出支部联建、网格联护、平台联治"三联"带动，夯实签订一份合约、建好一处阵地、搭建一个专班、推行一网联动"四个"基础，理顺统一公开承诺、建立河湖档案、开展民意调查、完善村规民约、实施联合巡河"五项"举措，构建支部联动、党员带动、群众互动的河湖管护新格局，合力推动河湖管护提档升级。

11月10日，岳阳市河湖治理"签约协理"工作推进会在汨罗召开

【主要做法及成效】

（一）坚持党建引领，建立河湖协理新机制

以强化党的建设为引领，充分发挥机关单位政治优势、专业优势、项目优势，合力推动河湖管护提档升级，建立河湖治理协理新机制。

1. 出台工作方案

根据全市《"守护好一江碧水"先锋行动实施方案》，岳阳市河长办、市水利局出台《河湖"党员协理长"实施方案》，印发《河湖党员协理长工作手册》，将河湖党员协理长工作纳入市委构建大党建工作格局重要内容，发挥市直单位支部引领作用，推动工作落地落实。

2. 抓好工作试点

结合部门职责职能、村级工作实际，选定岳阳市公安局、市人社局、市审计局等10个市直单位，平江县盘石村、岳阳县三和村、华容县松树村等10个村党支部作为试点，启动河湖治理"签约协理"工作。

3. 召开会议部署

岳阳市长江办、市河长办多次召开河湖治理党员协理联络员会议；2022年11月10日，岳阳市河湖治理"签约协理"工作推进会在汨罗召开。在市文化旅游广电局的指导下，汨罗市委组织部与汨罗市河长办联合制定下发《开展河湖"党员协理长"活动工作方案》，先后设立6处驻村河湖党员协理长工作室，组建6支党员协理长队伍，明确党员协理长30名。

4. 建立工作制度

建立党员协理长联席会议制度，每半年至少召开一次党员协理长工作会议，交流总结经验，推进工作有实有效开展；建立党员协理长履职制度，明确党员协理长"定期巡查、记实写实、按时汇报、工作例会"四项要求和"参与河湖管理、开展联合巡河、推动党建共建、加强联络协调"四项职责。

11月10日，岳阳市河湖治理"签约协理"工作推进会召开

（二）坚持创新推动，构建河湖管护新格局

创新运用"党建+"模式，以"党建合约"方式，确定一批河湖"党员协理长"，以"协理联管理、协理助治理"，构建支部联动、党员带动、群众互动的河湖管护新格局。

1. 突出"三联"带动

支部联建，市直机关党组织挂钩联系支部，机关党员结对联系重点水域附近1～2户群众；网格联护，推行河湖党员协理长网格管理，建立"协理单位+党员协理长+网格长+小分队"四级网格；平台联治，建立网格微信群、工作例会信息交流平台，监督"党员协理长"履职，推动河湖问题在网格发现、问题在网格解决、责任在网格落实。

华容县墨山村河小微水体整治

2. 夯实"四个"基础

签订一份合约，协理单位、村双方签订河湖协理"党建合约"，约定双方协理事项；建好一处阵地，设立驻村党员协理长工作室，做到有场地、有标牌、有办公设施、有制度、有工作台账；搭建一个专班，组建党员协理长、党员协理员、支部联络员、河湖监督员的"一长三员"河湖网格管理小分队构架；推行一网联动，根据村级区域划分河湖党员协理长工作网格单元，并张贴上墙。

3. 理顺"五项"举措

统一公开承诺，实行河湖党员协理长、河湖党员协理员公开承诺工作机制，承诺当好"联络员""巡河员""宣传员"；建立河湖档案，开展河流（水库）、小微水体调查摸底，形成河湖档案，全面掌握水资源和水体数量、分布、现状、问题及成因；开展民意调查，开展以"我家门前那条河"为主题的民意调查和河湖保护知识宣传活动，全面掌握群众关心涉水"急难愁盼"问题；完善村规民约，将河湖保护纳入村规民约内容，充分发挥村规民约"自主议、自觉守"的"自我约束"作用；实施联合巡河，每季度"党员协理长"联合村级巡河员开展 1 次以上巡河，填好党员协理长工作日志。

（三）坚持共建融合，实现河湖治理新突破

积极促进基层党建与河湖长制工作有机融合，充分发挥党员先锋模范作用，努力建设人民满意的美丽河湖、健康河湖、幸福河湖。

1. 上下联动，整治河湖

各协理单位制定年度工作计划，有序推进工作。党员协理长牵头组织河湖网格管理小分队，定期联合开展河湖巡查、定期召开工作例会，及时调处问题。市、县、乡、村"四级"党员联动，协调解决"清河净滩""河湖四乱"问题 300 余个。

泪罗市屈子祠镇伏林村汤家屋河长制文化广场

2. 协理联治，示范引领

各协理单位、党员协理长主动履职、示范引领，积极推动协理项目河湖库、小微水体整治等样板建设。2022 年，各协理单位已多途径筹资 800 余万元，打造了屈子祠镇伏林村汤家屋小微水体，岳阳县胡铭屋河长制主题公园，华容县墨山村、华一村河长制文化广场等协理样板，示范带动了全市 80 多处小微水体、12 处主题文化公园和部分渠道样板点建设，推进河湖库联治。

3. 党群连心，共护河湖

各协理单位党组织积极发动，在各自认领区域开展河长制主题党日活动 21 次、民意调查活动 4 次，召开如"罗江夜话"等河长制主题屋场座谈会 26 场。同时，在村部、认领河段、示范屋场设立党员协理长宣传栏（牌），介绍党员协理长工作内容、河湖协理成果等，全民共护河湖氛围更为浓厚。

【经验启示】

（一）制度创新是关键

岳阳河湖长制工作就如何创新创造方面做了大量的调研、座谈，如何破局一直是工作推进的难点。经过深思熟虑，结合当前"党建"这个热点、核心，进一步深化"党建＋河

湖长制"主题，既符合当前党建引领大趋势，又打通基层河湖管护破局的难点；既能带动各部门积极参与，又助推基层河长制的深入推进。

（二）队伍建设是重点

党员协理长是河湖治理"签约协理"的核心、主心骨，是决定此项工作能够落地见效的关键点，各市直单位明确一名分管领导担任党员协理长，组建"一长三员"，统筹推动河湖管护责任落地落细，有利于活动有序推进。

（三）阵地组织是基石

河湖"签约协理"工作要确保常态化、长期化运行，需要有固定的场所、固定的人员，各联点村按照"简约、实用、美观"原则，在本村建设一批河湖党员协理长工作室，为人员办公、活动组织、制度建设、组织建设提供坚实保障。

（四）履职担当是保障

党员协理长通过"一年一总结、半年一会议、一季一巡查、一月一调度"，将党员协理长履职制度化、效率化。同时，积极发挥资金资源优势帮助联点村解决一批河湖治理问题、协调一批河道保洁问题、推动一批河岸建设问题，把每条河湖都建成造福人民的幸福河。

（岳阳市水利局供稿，执笔人：朱敬礼、李行、夏宇、尹璨琪）

"小"网格发挥"大"作用

——益阳市河湖长制乡村网格化管理的探索与实践

【导语】

自全面推行河长制以来，益阳市建立了全覆盖的"四长一站"和"一办两员"工作体系，各级各部门在河湖长的统一领导下，整合部门资源力量，统筹上下游、左右岸，共同协调推进河流水环境系统治理，河湖面貌持续改善。

自2021年以来，桃江县紧紧依托县、乡、村、组四级网格化管理和志愿服务工作体系，将河长制纳入乡村网格化管理，整合河长、河道保洁员、网格志愿者的工作职责，扎实推进河流水生态、水环境综合治理，取得了一定成效。

市河长办进行现场调研

调研座谈会

为健全河湖管护长效机制，消除河湖巡查的"盲区"，市河长办组成调研组，多次深入桃江县基层进行现场调研，形成《河长制乡村网格化管理调研报告》，经市河委会领导研究决定，2021年9月市河长办印发《益阳市实施河湖长制乡村网格化管理指导意见》，决定在全市范围内开展河湖长制乡村网格化管理，进一步完善全市河湖长制工作体系，健全河湖管护长效机制，打通河湖长制工作责任落实的"最后一百米"。至 2022 年底，全市 1/3 乡镇（街道）完成河湖长制乡村网格化管理试点建设。

【主要做法及成效】

河湖长制网格化体系建设在市河委会的组织领导下，由县级河委会统筹协调，乡镇（街道）河委会具体实施。在具体网格划分中，坚持以行政村（社区）、村组为基础单元，根据当地河湖水资源情况建立村、组两级网格，或一村组一网格，或一村组多网格，或多村组一网格，一个网格负责一个河湖区域（区段、区块），明确网格长和网格员；网格长一般由村级河长、村委会委员或村民小组组长担任，网格员由河湖保洁员、民间河长或护河志愿者担任，并由乡级河长管理；要坚持河湖水资源管护量与河湖网格员工作量相适应，一般一名网格员的管护河湖岸线长度不少于 1 千米；要坚持网格界线相对清晰的原则，一般以自然地物、建筑物、明显标识或村民小组界线等为网格界线；要坚持实行"河长 + 网格长"的河湖管护机制。

（一）紧盯工作重点，务求管理实效

县级河长办发挥组织协调作用，明确各级网格的工作职责、考核奖惩办法等，对乡、村、组级网格的河长制工作落实情况进行督查和考核。各乡镇结合农村人居环境整治、污染防治等工作，以河湖"四乱"、河流水质、河道保洁为重点，利用网格志愿者的力量加大对辖区内河流、溪港沟渠、水库山塘等重点区域的日常巡查，及时发现和制止破坏水生态、水环境的违法行为。网格内发现但难以解决的河流突出问题根据情况逐级上报至相应的河长，各级河长根据工作职责发挥统筹协调作用，整合部门力量，督促相关责任单位限期将相关问题整改到位。同时，县、乡两级网格充分利用"雪亮工程""智慧渔政"等信息化平台，一旦发现网格内乱倒垃圾、乱堆弃土、盗采砂石、违法建设、非法排污等破坏水生态、水环境的行为，及时交办相关单位整改。截至目前，各级河长协调解决网格志愿者上报的各类河流问题超 100 个，立案查处非法

网格志愿者清理河床垃圾

捕捞案件 45 起，移送公安机关 13 起，核查整改"四乱"问题 15 处。

（二）严格考核奖惩，突出示范引领

为确保河长制网格化管理工作实效，市河长办将河长制乡村网格化管理工作开展情况纳入河长制年终绩效考核的重要内容。2022 年底，市河长办联合市委督查室和市政府督查室对实行河长制网格化管理的试点乡镇进行督查检查和综合评价，对检查发现的问题及时通报，对基础网格内破坏水生态、影响水环境等违法问题整改不及时不到位的，或河湖问题频发的网格，市河长办联系组织部门取消所属网格的年终评优资格，极大提高了各基础网格的工作积极性。

（三）强化宣传引导，营造良好氛围

网格志愿者向群众发放护河爱河宣传资料

结合美丽乡村建设、农村人居环境整治、污染防治等工作，利用全市"河小青"行动中心的创建，积极组织网格志愿者开展爱河护河宣传活动和河道保洁公益活动。县级河长办组织各乡镇开展了集中的宣传和河道保洁行动，各级河长、网格长、网格志愿者通过上门发放宣传资料、召开屋场会等方式，开展水法律法规知识宣传，带动了更多人支持和参与保护河流水环境、水安全工作。自实施河长制乡村网格化管理工作以来，全市各乡镇网格志愿者开展河流净滩志愿服务行动超 60 次，清理河道漂浮垃圾和洪水过后的岸坡垃圾 1000 余吨。

【经验启示】

（一）织密网格，打通河长制"最后一百米"

实施河长制乡村网格化管理，是对河长制"四长一站"工作机制的补充和完善，对建立河湖长效管护机制有积极作用。市、县、乡、村四级河湖长对河湖的巡查受频次和范围的限制，对河湖隐患和农村小微水体的监管存在"盲区""死角"，而网格志愿者作为河湖长制体系的"神经末梢"，可以充分利用闲暇时间以及对周边生活区域的了解，实现河流、溪港沟渠、水库山塘等水域巡查监管全覆盖，能及时地发现和制止破坏河湖水环境的违法行为，大江大河里的大问题及时上报，小微水体中的小问题及时解决，将河湖问题消

灭在萌芽状态，让河湖管护工作由被动变为主动。

（二）凝心聚力，积极引入有生力量

到 2022 年 12 月，通过"河长办 + 共青团 + 青年志愿服务队"共建形式要在省、市、区三级建成一批"河小青"行动中心，作为延伸河湖治理部门的监督手臂和宣传阵地，市级"河小青"行动中心注册"河小青"不少于 100 人，县、区级"河小青"行动中心注册"河小青"不少于 50 人。根据 2022 年最新统计，全市共有 470 名民间河长，其中市本级 65 名，赫山区 16 名，资阳区 59 名，安化县 51 名，桃江县 40 名，南县 216 名，大通湖 4 名，高新区 19 名。将这些有生力量与网格志愿者结合起来，能有效提升网格化工作的实效。同时通过网格志愿者言传身教，以点带面，能增强广大群众环保意识，有利于形成人人参与的良好工作氛围。

（三）科学规划，完善保障机制

1. 人员保障

要加强对网格化专干和专兼职网格员的业务培训，互相交流，共同进步，提高其适应网格化工作发展的能力。

2. 制度保障

出台相应政策措施，完善工作机制，规范工作流程，制定考核激励形式，紧密结合河长制年度考核办法，既要留得住人还要淘汰人，对参与积极、工作成绩突出的网格志愿者，在入党申请，村干部选拔，医疗救助，子女参军、入学、就业等方面给予一定的政策性倾斜，对消极怠工、不负责任的网格员取消志愿者资格。

3. 经费保障

设立专项资金，对问题反馈和整改及时、河湖管护成效明显的基础网格每月进行激励通报，加大优秀网格员评选宣传力度，广泛宣传推介网格故事；以结果为导向，年底对履职优秀的网格组给予一定的经济奖励，推动网格员创先争优，出先进出典型。

（益阳市河长制事务中心供稿，执笔人：李哲嫣）

构建"四四"体系　打造美丽河湖

——常德市武陵区河湖长制工作实践经验

【导语】

常德市武陵区通过全面落实河道"四长"工作机制，重拳出击治理河道乱采、岸线乱占、生态乱捕、污水乱排等河湖"四乱"，从"洁、巡、护、监"四个方面入手，不断提高河湖精细化管理水平，落实"四化"方针，持续改善水生态环境，构建强化责任、专项整治、精细管理、争创效益的河湖长制"四四"体系，努力打造美丽河湖和生态宜居的幸福之城。

【主要做法及成效】

近年来，武陵区深入践行"绿水青山就是金山银山"的理念，创新构建"四四"体系，全区水质持续稳定向好，打造出一条条美丽河湖。其中，穿紫河水系治理经验更是被央视专题推介，讲述了其抹去"黑"历史、变身城市"金腰带"的全过程。

（一）"四长"聚合力

全面落实河道"四长"工作机制，全区设行政河长 115 名、民间河长 35 名、河道警长 16 名、河道检察长 5 名，实现河湖渠从"无人管"到"众人管"，从"管不了"到"管得好"，管理水平不断提高。

1. 行政河长"总揽"

按照河长总揽全局、压实各级责任、整合各类力量、破解各类难题的总体思路，累计巡河 7000 余次，解决涉河问题 200 多起，河湖长制从"有名有实"走向"有为有能"。

2. 民间河长"助力"

积极发动热心河湖公益的党员干部、爱心人士 35 人担任民间河长，参与巡查管护、宣传监督工作，发现并解决河湖问题 80 多起，有效提高了河渠监管水平。

3. 河道警长"护航"

全面建立河道警长制，为全区河渠配备河道警长 16 名，有力打击涉水违法行为。

4. 河道检察长"监督"

建立"河长 + 检察长"协作机制，对河湖生态环境和资源保护实行依法监督。创新"公益诉讼线索常态化报送"机制，协调处理涉水问题 3 起，为建设生态武陵提供有力保障。

（二）"四乱"出重拳

针对河道乱采、岸线乱占、生态乱捕、污水乱排等河湖"四乱"，武陵区重拳出击，开展多种专项行动，成效显著。

1. 规范河道"乱采"

整合部门力量，开展"夏季风暴""利剑行动"专项整治行动，查处非法采砂案件 100 余起，清理非法砂堆 563 立方米，有效规范了采砂秩序。

2. 清理岸线"乱占"

整治河湖"乱占"40 多处，

穿紫河河长 + 检察长巡河督办

武陵区总河长调研河长制工作

规范河道岸线 7.2 千米，清理垃圾 612.5 吨，拆除违建 3260 平方米，清除非法林地 2300 亩，退养网箱 500 亩，河道岸线焕然一新。

3. 打击河道"乱捕"

开展"长江十年禁渔""中国渔政亮剑"系列专项行动，查处非法捕捞 50 余起，水生态环境得到有效保护。

4. 严查污水"乱排"

发布"第 3 号总河长令"，开展入河排污口综合整治，河道排污口全部纳入电子化监管，重要水源地排污口全部关闭，河湖水质持续好转。

（三）"四招"管精细

持续强化河湖管护，从"洁、巡、护、监"四个方面入手，不断提高河湖精细化管理水平。

河道保洁工作现场

1. 聚焦河湖专业保洁

每年安排200多万元专项资金聘请专业保洁公司，形成了"政府主导、专业服务"的常态保洁机制。

2. 聚焦河湖科技巡查

创新智慧河湖监管，配备执法船只1艘，布控30处河道天眼，采取无人机不定期巡查，打造"水陆空"三位一体河湖监管新模式，河湖监管手段全面提升。

3. 聚焦志愿护河巡河

广泛动员各界力量参与河湖生态保护志愿活动，聚焦"世界水日""中国水周"等时间节点，开展各类河湖保护宣传活动100余次，组织志愿护河行动270多次，全民护水、爱水、节水、管水意识不断增强。

4. 聚焦社会监督管理

在河湖管理范围设置河长公示牌115块，公布河湖基本情况、河长警长信息、举报电话等，方便市民共同监管，有效提高了河流监管治理效率。

（四）"四化"出效益

坚持综合治理与生态修复、民生福祉相结合，落实"四化"方针，持续改善水生态环境。

水利志愿者积极开展护河行动

1. 改造生态化

秉承海绵城市"绿色协调有机"的建设理念，通过清淤、截污、活水、增绿等工程措施，新增诗墙风光带、穿紫河风光带、新河风光带等一系列生态公园，为城市增添绿色生机。

2. 运营市场化

将城市河道治理与商业有机结合，引入社会资本，开发水上巴士观光线路、沿岸商业街。穿紫河夜游及沿线景点每年接待国内外游客近10万人次，为地方经济发展插上"绿色翅膀"。

3. 设施便民化

沿河规划建设特色广场、游步道、停车场、文化长廊等设施，打造集旅游观光于一体的休闲场所，为居民游乐、休闲、停车等提供便利。

4. 河湖样板化

充分发挥"样板河湖"引领作用，按照"一乡一样板""一河一特色"的布局，突出重点，营造亮点，形成看点，打造"红色、绿色、古色"的特色样板河。

新河河长调研新河水系综合治理现场

芙蓉街道泽远渠结合刘泽远烈士的红色故事，打造"红色样板渠"，成为红色教育基地；"穿紫河""新河南段"经过综合治理，先后获评省级"美丽河湖"。

【经验启示】

（一）领导重视，齐抓共管

河流污染，河湖乱象，其根本原因是主要领导没有重视。武陵区自建立了河湖长制工作体系以来，党政主职就站到第一线，"四长"工作机制应运而生，真正实现了从"无人管"到"众人管"，从"管不了"到"管得好"。

（二）重拳出击，系统治理

紧盯河湖治理难点、堵点、疑点等关键问题，整合部门力量，开展"清四乱"、"利剑行动"、清理行洪阻碍物等专项整治行动，同时坚持标本兼治、综合治理，统筹上下游、左右岸水域岸线整治，统筹水资源保护与水环境治理，统筹河湖生态空间管控与水污染防治。武陵区沅江干流草长莺飞、白鹭成群，成为常德网红打卡地、旅游热门景点。

（三）常态长效，示范引领

武陵区创新管护机制，通过政府聘请专业保洁公司，对辖区内大中型河流进行常态专业化保洁，河湖面貌常年保持干净整洁，打造了一批"红色、绿色、古色"的区级"示范河湖"，以点带面，激发了辖区各乡镇（街道）打造"幸福河湖"积极性，有效提高了武陵人对于家乡"幸福河湖"的归属感。

自河湖长制实施以来，常德市武陵区河渠水系保护与综合治理成效有目共睹，河道美了，河水清了，河道发挥了应有的效益，群众的满意度、获得感持续提升，武陵的绿色可持续发展之路也越走越好。

（常德市武陵区河长制工作委员会办公室供稿，执笔人：熊诚帆）

湖南省河湖长制 工作创新案例汇编

河湖突出问题监督检查及整改落实

护好一江碧水　共建绿色家园

——长沙市芙蓉区红旗水库创建美丽河湖

【导语】

　　红旗水库在建设初期是一座以灌溉为主，兼具防洪、养殖等综合效益的小型水利工程，位于长沙市芙蓉区远大路与红旗路夹角处西南角，水域面积5.01公顷。随着城市的发展，红旗水库已逐渐丧失上述功能，主要成为街道生态景观湖，后常年接纳附近小区及邻近片区生活污水，水质恶化，散发阵阵恶臭，严重影响周边居民生活。为让碧水重现，芙蓉区委、区政府高度重视，将红旗水库列入"为民办实事"工程之一，投资1420余万元加以整治。通过雨污分流、整体清淤、修复水生态、补水活水、打造景观等举措，红旗水库旧貌换新颜，焕发出新的生机，原来的一处污水池成为集观光、游玩于一体的生态型主题公园。

红旗水库旧貌换新颜

【主要做法及成效】

（一）加强领导，精心组织

2017 年，红旗水库纳入河湖长制工作，并设立区、乡、社区三级河长垂直管理机制。2021 年，芙蓉区委、区政府将红旗水库列入"为民办实事"工程之一，投资 1420 余万元围绕红旗水库开展水底清淤、生态修复、周边景观建设、望仙塘污水处理泵站建设等项目，共完成清淤 2.8 万立方米，新建游步道 1500 余米。同年成立东湖街道红旗水库美丽河湖创建工作领导小组，各部门各司其职，由街道主要党政领导、湖南省农科院相关人员为组员，负责监督检查、督促指导工作。社区主要负责人负责创建活动、协调、业务指导、进度跟踪、及时掌握项目工作动态。2022 年 12 月，红旗水库成功通过芙蓉区"一县一示范"美丽河湖建设验收。

（二）资金落实，强化保障

根据美丽河湖创建实施方案，芙蓉区河长办积极做好与相关部门的对接工作，确保创建资金到位，为该项目顺利建设保驾护航。明确芙蓉区城市建设投资集团有限公司（以下简称"区城投"）作为招标人负责项目建设，为建设该项目提供质量保障。同时，芙蓉区河长办加强对区城投红旗水库项目建设的监管，提高资金使用率，确保发挥资金的应有效益。

（三）加强宣传，群众监督

加强社会监督，开展宣传活动，增强社会各界监督和参与红旗水库美丽河湖创建意识。积极拓展社会监督渠道，通过设立片区河长公示牌，公布监督电话、片区河长姓名等方式，听取群众意见，提升群众参与度。

改造前的红旗水库

改造中的红旗水库

参天古树成水库蝶变的见证者

（四）因地制宜，工程治理

1. 截污工程

通过多部门和街道联合治理，湖南省农科院丰收小区完成了雨污分流，并将进入水库的污水全线截流，为提质改造打好第一步。总投资300万元。

2. 清淤工程

水面植被及垃圾清理6.3万平方米；淤泥采用泥浆泵抽吸，离心脱水机干化，历时5个月，清淤2.8万立方米。后期处置主要包括两个方面：一是通过场地景观进行微地形处理，二是建设单位协调位置就近填埋。总投资388.5万元。

3. 景观工程

选择依势就形的景观打造，在水体中布置游步道1500余米；分别布置生态停车场和古树休闲广场，种植柳树、木芙蓉等植物，总绿化面积超1万平方米；结合隆平片区，特意融入"农"的特质，选购了锄头造型的路灯，不忘"老农人"。总投资341.5万元。

水库周边的住户出门就能逛公园

4. 水生态修复工程

微生物群落在水生态修复过程中随着水质的变好而不断发生改变，有益菌种不断增多，在大量摄食蓝绿藻的同时也摄食腐屑等有害物质，能够促进沉水植物快速成长建群并形成优势，从而提高生态构建效率。在生态修复改善水质过程的不同阶段，人工抛洒不同生物菌剂来促进水生物的微生物量，达到生态稳态的作用，共修复6.3万平方米。总投资378

万元。

5. 补水活水工程

在周边几个小区废弃老水井安装深井泵及自控设备，增设 220 米补水管道对水库进行补水；利用湖面设计的水面高差完成水体水量的更替；同时在湖面布置推流曝气机对湖水进行复氧曝气。总投资 12.3 万元。

【经验启示】

（一）加大媒体宣传

推行河湖长制，同时通过加强政策宣传解读和新闻舆论引导力度，增强水库周边群众对河湖保护工作的责任意识和参与意识，形成辖区居民关爱河湖、珍惜河湖、保护河湖的良好风尚。

（二）增强群众幸福感

红旗水库周边环境和基础设施不断完善，野鸭畅游，古木参天；春可看花，夏可观荷，秋可望叶，冬可赏雪，充分提升了群众的幸福感。

（三）守护时代记忆

在许多老市民心中，二十世纪七八十年代的红旗水库水质清澈，还曾用来灌溉袁隆平院士的试验田。如今通过系统改造，红旗水库碧水重现。这既是对时代记忆的守护，也为老长沙人特别是老农科人留住了一份乡愁。

（四）盘活周边经济

通过整体的提质改造工作，印象中臭气熏天、行人掩鼻而过的场景成为过去，不仅周边的住户出门就能逛公园，附近的居民也有一个全新的去处。创建美丽河湖既让周边的经营户重新焕发了生机，也让周边的配套设施更进一步完善。

（芙蓉区河长制工作事务中心供稿，执笔人：高瑶瑶）

水清岸绿　人水和谐　产业兴旺

——吉首市河溪水库"变形记"

【导语】

　　河溪水库位于沅江二级支流沱江下游吉首市河溪镇境内，总库容4566立方米，是以防洪、发电为主，兼顾灌溉、旅游等综合效益的中型水库，水陆交通十分便利，水电资源丰富。

　　吉首市把治水管水作为建设美丽吉首的重要内容，境内河湖生态不断好转，河溪水库治理成效尤为突出。综合治理之前，库区内网箱遍布，生产、生活垃圾聚集，污水直排，库区水质以及环境不断恶化，周边群众反映强烈。2017年网箱养鱼污染水源问题更是被中央生态环境保护督察组直接交办，库区水环境污染治理到了刻不容缓的地步。为根治库区水环境污染严重这一顽疾，吉首市以河长制为抓手，凝聚合力、水岸同治，把河溪水库水环境治理作为市委、市政府的重点工作来抓，通过网箱取缔、禁捕退捕、农村人居环境整治等综合治理，水库环境得到了明显改善，"河畅、水清、岸绿、景美、人和"的画面徐徐呈现，让群众获得感、幸福感、安全感明显提升。

【主要做法及成效】

（一）提高政治站位，精准谋划部署

　　2017年5月，吉首市成立了由市长担任组长，分管农业副市长任副组长，河溪镇、双塘街道和农业、畜牧、环保、水利、移民等单位领导为成员的河溪库区网箱养殖污染整治工作领导小组，并由市农业农村局牵头组建整治工作专班。2017年12月30日，市人民政府出台《河溪库区网箱养殖污染整治工作实施方案》，发布《关于依法取缔河溪库区网箱养殖的通告》，对库区网箱，养殖户的网箱、拦网、套箱、饲料房及守鱼棚等渔业养殖相关设施进行补偿。

　　2018年1月3日，农业、畜牧、环保、水利、移民5个包村工作组与河溪镇、双塘

街道进村入户，全面开展网箱养殖污染整治工作，对各村养殖户的网箱、拦网等养殖设施逐一登记核实并公示。与商务、工商、市场管理、城管执法等职能部门积极沟通，协调市场、超市、学校、外地经销商等帮助库区渔民销售存鱼，开放 3 个存鱼销售点供库区渔民销售存鱼。通过公开招标方式聘请安化资江漂浮物打捞有限公司，由专业施工人员负责对库区网箱进行统一拆除、统一归集、统一处理。截至 2018 年 7 月，河溪库区网箱养殖退养 271 户，4874 口网箱、35 匹拦网、145 间守鱼棚（饲料房）已全部完成拆除，共销售存鱼 204.5 万斤，271 户 1619 万元退养奖补款全部支付到户到人，河溪库区网箱养殖污染整治工作全面完成。

（二）聚焦问题整改，持续攻坚克难

网箱养殖这一库区水环境治理第一毒瘤整治完成后，吉首市成立了由市委书记任组长，市长任副组长的天然水域禁捕退捕工作领导小组，全面开展禁捕退捕工作，先后出台《关于全市天然水域全面禁捕天然渔业资源的通告》《吉首市全面推进天然水域禁捕退捕工作实施方案》，自 2020 年 10 月 1 日 0 时起，全市境内天然水域实行暂定为期 10 年的常年禁捕，其间全面禁止天然渔业资源的生产性捕捞。全市集中清理回收拆解涉渔"三无"船舶 540 艘、网具 467 户 63995.2 斤，登记标识船舶 523 艘，兑付船网补偿资金 243.6 万元，圆满完成"四清四无"工作目标任务。此外制定翔实的奖补就业措施帮助渔民解决实际困难。

河溪库区网箱拆除中

1. 积极实施奖补

对自愿上缴并签订退捕协议的涉渔"三无"船舶、渔具、鸬鹚进行补偿。船舶按评估价值的 80% 补偿，渔具按 30 元/斤补偿，鸬鹚按 400 元/只补贴。

2. 开展就业服务

农业农村、人社等部门免费为退捕渔船户开展培训、推荐岗位信息、提供职业指导。2020 年河溪库区技

河溪库区网箱拆除后

测量登记退捕船只

网箱拆除后的库区

术培训 452 人，就业培训 353 人，推荐就业 59 人。

3. 实施就业援助

对有就业意愿和零就业家庭的退捕渔船户实施重点就业援助。2020 年河溪库区安置公益性岗位 14 人。

4. 进行社会救助保障

民政部门将符合条件的退捕渔船户纳入社会救助保障。2020 年河溪库区救助保障 18 户 34 人。

5. 开展同步搬迁

符合条件的退捕渔船户可享受同步搬迁政策，支持外迁发展。2020 年河溪库区同步搬迁 5 户 30 人。

（三）部门齐抓共管，巩固整治成果

为进一步巩固库区网箱取缔、禁捕退捕工作成果，加快实现"河畅、水清、岸绿、景美、人和"目标，突出精准治理、科学治理、依法治理，通过强化提升群众环保意识、人居环境整治、部门联合执法等方式，大力开展库区环境综合治理工作。2018年以来，发放环保宣传手册 3000 多册，依法取缔禁养区养殖棚 22 个，拆除船只 286 艘，回收网具 5.16 万斤，开展水上联合执法 100 余次，改（新）建农村户厕 1454 户，全面提升了河溪库区持续管护能力，增强了群众生态环境保护意识。为解决库区汛期垃圾汇聚成堆问题，2022 年吉首市投资 61 万元购置一艘库区专用垃圾打捞船，组建 12 人的垃圾打捞船管理专班，定期对库区垃圾进行打捞清理，有效提高垃圾打捞效率，持续改善库区水生态环境。

（四）做好后续帮扶，全面共谋幸福

在开展库区网箱取缔工作之初，吉首市就充分考虑到库区农民转产就业问题，并为此制定了详细的网箱取缔奖补帮扶政策。

1. 明确奖补范围及标准

明确奖补范围为库区网箱养殖户的网箱、拦网、套箱、饲料房及守鱼棚等渔业养殖相关设施。奖补标准分为网箱、拦网、饲料房及守鱼棚、存鱼销售奖励等类别；精养钢架标准网箱按1750元/口补偿；普养竹木标准网箱按750元/口补偿；每口标准套箱按套养4口钢架标准网箱计算，按2000元/口标准补偿；拦网按13元/米²补偿；饲料房及守鱼棚根据实际测量面积按300元/米²补偿；

联合执法打击非法捕捞

存鱼销售方面，经专班计量核实登记认可后按2元/斤进行奖励。

2. 提供后期帮扶政策支持

为库区养殖户提供产业转移、培训转移就业、同步搬迁等政策支持，需要库区养殖户结合自身情况选择相应帮扶政策。2018—2020年连续3年可按每人每年2000元标准给予产业扶持，每户总数不超过1万元，3年内增人增资金、减人减资金。有条件有能力且符合国家相关政策，根据本人意愿发展种植业、养殖业、农产品加工、休闲农业、乡村旅游等产业，经相关部门审核同意后，可优先纳入扶贫开发对象予以产业扶持，并可向吉首市就业部门申请10万元以下贷款，经金融部门批准后由市财政对相应的贷款额度连续贴息两年。连续两年为库区养殖户免费提供职业技能培训、创业培训和职业技能鉴定，合格者发放相应的职业资格证书，优先推荐到相关企业就业。有条件有能力有意愿，经市直相关部门审批后，可优先纳入同步搬迁范围予以支持外迁发展，移民政策不变，建档立卡户精准扶贫政

综合治理后的河溪水库现状

策不变。

3. 大力推进产业转型

河溪库区加快推进乡村振兴，以产业兴旺为目标，按照"生态优先、绿色发展"的理念，充分发挥河溪库区生态环境优势，大力推进产业转型，通过"公司/专业合作社+基地+农户"等发展模式，统筹推进河溪库区产业转型多元化发展。2018年以来，河溪库区完成种植茶叶2500余亩、油茶1000余亩、香菇10万袋、黄桃200亩、高山刺葡萄200亩等生态农业产业，实现河溪库区劳动力转移就业1100余人，河溪库区农民人均可支配收入从2018年的9890元提升至2020年的12576元，有效解决了网箱取缔后河溪库区农民产业转型发展问题。

【经验启示】

（一）精准施策才能保证成效显著

从网箱取缔到退捕禁捕再到综合整治，河溪水库用五年时间通过三步跳跃使库区水环境得到显著提升，彰显了政府部门要提高政治站位，深刻理解把握习近平生态文明思想，要紧紧围绕解决群众身边的生态环境突出问题，打好碧水保卫战，要坚持精准科学依法施策去解决群众急难愁盼的事情，才能督促整改工作落地见效，获得群众的认可。

（二）部门联动才能实现标本兼治

河库系统治理涉及面广、部门多，要把河库治理好，需要水陆同治，同时还要兼顾上下游、左右岸、干支流的协同治理。需要各部门之间落实责任、密切配合，才能形成强大的工作合力、抓出成效。

（三）以人为本才能促进人水和谐

党的十八大以来，我国生态文明建设成效显著，全党全国贯彻绿色发展理念的自觉性和主动性显著增强。要牢固树立"绿水青山就是金山银山"的理念；要提升大局观，全面考量长远利益与短期利益、全局利益与局部利益，摒弃部门利益、地方利益、短期利益的干扰，做生态文明制度的坚定执行者和实践者；要坚持以人民为中心，深深扎根人民，紧紧依靠人民，立足于满足人民群众对美好生活的期盼，不断创新政策、完善政策、落实政策，充分激发人民群众追求美好生活的内在动力，充分调动人民群众参与生态环境治理的积极性和主动性，坚持全民共治、源头防治，要让绿色发展理念深入人心，守护好绿水青山，才能赢得金山银山。

（吉首市水利局供稿，执笔人：向宏洲、向攀）

动真碰硬抓问题整改

——祁阳市整顿河库乱象的实践

【导语】

祁阳市境内河流、小溪共 250 条，水库 242 座，湘江祁阳段长 100.8 千米。伴随着经济社会的高速发展，生活污水、养殖场污水、工业废水等直排入河，生活垃圾、病死牲畜、建筑垃圾等肆意倾倒河道，河道网箱养殖、电鱼毒鱼、侵占河道、非法盗采砂石等违法违规行为时有发生。祁阳市以问题为导向，敢于动真碰硬，以问题整改为抓手，整顿河库乱象，坚持整改与治理同步，守护一江碧水，确保河库长效久治。

【主要做法及成效】

（一）河道保洁建立长效机制

1. 建立河道保洁联动制度

河道流经里程长，涉及地域广，单一属地管理责任划分不合理，各地相互推诿，头痛医头，脚痛医脚，河道保洁成效差。2022 年第一季度祁阳市黄花河省控监测断面水质下降，省生态环境部门给予警示。为此，市河长办立即将问题交办整改，下游反映河道垃圾、污水是上游流下来，上游反映我们辖区内河道很干净，互相推责。针对这一情况，由市生态环境部门牵头，开展专项督查，大忠桥镇、白水镇同步行动，同步保洁，强化黄花河上下游、左右岸常态化河道保洁。同年 6 月，市河长办出台《祁阳市主要河道保洁实施方案》，该方案明确规定同一河流同步保洁，每月开展集中保洁不少于 10 次，上下游、左右岸互相监督，严格惩治将本辖区的河道垃圾向其他辖区倾倒、流放的行为。河道保洁联动制度的执行，有力改进了市域河道保洁工作。

2. 完善河道保洁投入制度

自 2017 年推行河长制以来，河道保洁经费列入本级财政预算，且逐年增加，至 2022 年本级财政投入河道保洁资金约 400 万元。全市 250 条河、242 座水库，单一的财政投入很难满足保洁需求。为此，祁阳市积极探索河道保洁资金筹措新办法，制定两大举措：小型水库保洁与水库运行打包给专业公司负责，财政不另安排；河道保洁与城乡环境整治结合，由镇（街道）统筹安排，市河长办督查、调度、考核。

（二）污水处理零容忍

前期开展的湘江及主要支流两岸 500 米范围内规模养殖退养专项行动、水库禁止投肥养殖专项行动实施以来，以前存在的规模养猪场污水入河、水库投肥养殖污染水质问题基本消失，但生活污水入河、新建的规模养殖废水入河现象仍时有发生。

1. 加快污水处理设施建设

由住建部门牵头，在所有镇兴建污水处理厂，优先解决农村人口集中地区的生活污水问题。至 2022 年，祁阳市 19 个镇 3 个街道均建有污水处理厂并投入运行。

2. 开展厕所革命专项行动

自 2018 年开始祁阳市就开展了农村旱厕改造行动，并因地制宜逐步完善，这很好地解决了分散在沿河村庄群众生活污水直排入河问题。

悟洲岛问题整改前

3. 加大打击力度

对新发生的规模养殖污水直排问题，发现一起处理一起，严格要求，坚决禁止。如昌木套河九牛村段牛蛙养殖占地 70 余亩，年产值近千万元，但污水处理设施不到位，污水直排严重影响昌木套河健康。为此，市级河长牵头，市河长办、市生态环境局、肖家镇、市检察院公益诉讼科联合行动，强力完成牛蛙养殖退养复耕，保护一江碧水。

（三）禁捕退捕勇毅前行

湘江及白水、祁水鱼类繁多，网箱养殖、放地笼、电鱼、毒鱼等严重危害河流生态健康，祁阳结合长江流域重点水域禁捕退捕

悟洲岛问题整改后

工作，扎实开展禁捕退捕专项行动，优化水域生态，取得明显成效。

守河护渔

1. 全面"禁"

依法划定禁钓区域，全面清理违规钓台。加大对市场和沿河码头的巡查监管力度，杜绝河鱼河鲜交易行为的发生。

2. 紧密"合"

农业综合行政执法大队主动加强与公安、法院、检察院等部门的沟通联系，强化行刑衔接，积极推动建立完善联合执法、联合办案机制，形成最大公约数，提升执法效能。对于发现的大案要案依法坚决查处，达到了"查办一起，震慑一片"的效果。

3. 政策"帮"

切实落实政策帮扶措施，确保退捕渔民退得出、稳得住、能致富。

4. 持续"宣"

通过全方位、多角度、近距离的宣传手段，采集反面典型案例，汇编禁捕退捕法律法规，制作永久性宣传牌，发放宣传单，出动宣传车，电视滚播温馨提示，多种形式加大宣传力度。

5. 长效"管"

在技防、物防、人防等管理上下功夫，确保工作常态长效。在白水、祁水、清江、黄花河等重点流域新安装高清摄像设备，通过"天眼"智慧渔政系统做到禁捕水域全流域视频监控全覆盖，预警快速处置实现 1 小时内到位，达到了快速精准的效果，既节约了执法成本，又提高了执法效率。

（四）部门联动强力整改

浯洲岛是祁阳市域内湘江九洲之一，位于浯溪一桥下游约 400 米处，面积约 600 亩。2022 年湖南省总河长会议暗访片披露"祁阳市湘江大桥下游，河心洲无序开发利用，洲上局部被挖空、外沿被硬化，建筑烂尾，久未处理，侵占行洪空间"。该问题存在年限久、涉及面广、整改难度大，市委、市政府高度重视，紧密部署，强力推进问题整改。

1. 主要领导挂帅督办

市主要领导实地调研，多次调度相关部门核实情况，调阅了浯洲岛开发审批、合同等相关文件，召开市委常委会会议专题研究整改工作。纪检监察机关审查公职人员在审批、建设过程中是否存在违纪违法行为或监管不到位、失职渎职行为，纪检监察机关的提前介入为后期违建拆除顺利进行起到了很好的警示作用。

2. 部门联动依法整改

司法部门对整改全过程进行合法性审查。水利、自然资源、交通、住建、公安、财政、应急等部门抽调人员成立工作专班，依法下发相关法律文书，应业主要求召开听证会，形成一致意见，做到合理合法、有序推进。

3. 果断拆除完成整改

市委常委会专题研究浯洲岛问题整改方案，决定拆除违法建筑物，成立五个工作组，7月15日至7月19日拆除两栋建筑物2万余平方米，并将拆除物运离浯洲岛，提前4个月完成整改工作。浯洲岛的整改只是河道"四乱"问题整改的一个缩影，也为涉河违法建筑物的整改提供了一个示范：挂牌督办、部门协作、依法推进、强力整改。同年，祁阳市依法完成了湘江大桥下的违法建筑物——游泳池（约100平方米，年盈利约10万元）的拆除、湘江白水镇段建在岸线保护范围内建筑物（约80平方米）的拆除等涉河问题整改。

最美湘江水

（五）整改与治理同步推进

河库治理是一项系统工程，以问题促治理，以治理解问题。为解决水土流失问题，实施清洁小流域治理工程；为解决河岸崩垮问题，实施河流综合治理工程。为保护恢复河流生态，建设小微湿地和湿地公园，实施祁水、黄花河水生态修复工程，开展小水电生态流量专项整顿行动和增殖放流活动。

以问题为导向推进河长制走深走实，全面压紧压实各级河长责任，大力推行"双河长制""河长 + 检察长",进一步发挥"智慧河务"作用,建立健全河流日常监管巡查等机制,全面启动追责问责,切实以责任追究倒逼责任落实,确保河库治理常治长效。湘江祁阳段出境断面水质长期保持在Ⅱ类以上,市域内河库面貌明显改善,呈现出一幅"水清、河畅、岸绿、景美"、人水和谐共生的美好景象。

【经验启示】

(一)积极营造全民护河氛围

河道是人类生活生产的重要资源,水清、河畅、岸绿的河道有益于人民群众的幸福生活,健康美丽的河道需要人类的共同爱护。为此,要加大宣传,引导全社会各阶层爱河护河,营造人人爱河、人人有责的良好氛围。

(二)严格涉河工程审批及执法

严格河道岸线保护范围内工程建设的审批程序,涉河工程建设前要充分论证其科学性与合法性,避免产生危害河湖安全与健康的违法建筑物,造成资源资产浪费。要严厉打击损害河湖健康的行为,执法过程要依法依规,形成强大的执法合力。

(三)坚持水岸同治

河道污染表在水面,根在岸上,要加大对河岸周边人民的生产生活管理与治理,加强对沿河垃圾和污水废水的管控。

(祁阳市水利局供稿,执笔人:于明)

聚人大代表监督之力

——龙山县推动河长实现从"有位"到"有为"的转变

【导语】

自 2017 年来，龙山县多措并举，切实夯实河长制工作体系，加大河库保护宣传，狠抓河库突出问题治理，坚持常态化巡河，突出"一乡一亮点""一县一示范"幸福河库创建，纵深推进河长制工作。酉水河流域网箱全部退出，天然水域全面实现退捕禁捕，黑臭水体得到全面治理，"僵尸船"及水上餐饮船全部取缔，污水直排及河道采砂得到有效遏制。但因群众不当的生产生活方式尚未完全转变，水域岸线垃圾时有产生，河道山体植被受破坏造成水土流失，水污染事件偶有发生，解决这些历史遗留问题和突出问题需要新的动力推动实现。

为进一步完善酉水河管护社会监督体系，督促河长履职尽责，提升生态保护治理能力，2022 年，龙山与来凤、宣恩、保靖四县的人大常委会建立了"两省四县"关于协商贯彻落实《湘西土家族苗族自治州酉水河保护条例》人大监督联席会议制度，"河长＋人大代表监督"机制由此而生，围绕节约保护水资源、保障水安全、治理水环境、加强执法监管，人大代表切实发挥监督履职的强大力量和智慧，各级河长履职推力、动力更强劲。

龙山县积极探索"河长＋人大代表监督"机制，把人大代表监督履职与河长领治有机结合，围绕水污染治理、退捕禁捕、跨区域协作、水源地保护精准谋划，准确切入，通过人大代表视察、调研、执法检查、工作评议、提交建议议案，督促各级河长履行巡河、管河、护河职责，推动一批重点、难点以及群众反映强烈的问题有效解决，水生态环境持续向好，河长实现从"有位"到"有为"的转变。

【主要做法及成效】

（一）强化履职监督，当好治河管河监督员

人大代表开展视察、调研、执法检查、工作评议、提交建议议案是履职的重要方式，龙山县人大常委会把河长制工作列为人大监督的重要议题，发现问题及时交办，做到在监督中积极参与，在参与中奋力支持。2022年，龙山县人大常委会跟踪督办县级人大代表提交关于水源保护和病险水库治理的建议议案，督促划定48个酉水河流域饮用水水源保护区，完成5个水源地综合整治，全县全年饮用水水质监测点随机采样检测水质合格率为100%；完成8座小型病险水库除险加固。2022年龙山县重度干旱，桂塘片近万人无水可取，县人大代表、乡镇党委书记及时为民发声，县河长办专程前往湖北省来凤县会商，协调跨省调水9万立方米，设置桂塘应急取水点供水，解决上万群众的燃眉之急。2021年，龙山县与湖北省来凤县、宣恩县签署了《酉水联席联巡联防联控合作协议》，建立了"流域统筹、信息共享、团结协作、三县共治"酉水管理和保护新机制。三县相关执法部门在酉水河共管河段联合执法7次，形成强烈威慑作用。2022年，龙山与来凤、宣恩、保靖四县的人大常委会建立了"两省四县"关于协商贯彻落实《湘

龙山县人大常委会开展河长制工作评议

西土家族苗族自治州酉水河保护条例》人大监督联席会议制度，进一步丰富了跨区域协作机制内涵。龙山县人大常委会还对河长制工作进行评议，并考察调研《湘西土家族苗族自治州酉水河保护条例》实施情况、听取相关汇报，推动跨区域河道管理常态化长效化。

（二）发挥群众优势，当好管河护河宣传员

人大代表身在基层，代表人民群众，在基层具有一定影响力和号召力。龙山县人大常委会号召各级人大代表积极发动、参与保护母亲河宣传，发挥"宣传员"作用，以跨行政区域协作机制为依托，促成与湖北省来凤县联合开展2次"龙凤同行 文明'酉'你"主题宣传活动，出动160余名志愿者，其中人大代表36名，沿酉水河两岸进行卫生大清扫，对河流漂浮物、沿河游步道垃圾进行彻底清扫，净化河流，保护水域环境。两县人大代表还积极宣传《湘西土家族苗族自治州酉水河保护条例》等法律法规，助力两县省级文明城

市创建。聚集青年人大代表力量，通过线上线下多形式多渠道常态化开展"河小青"防溺水、清河净滩、义务植树志愿服务活动进学校、进社区、进网络、进农村、进机关、进企业宣传工作，增强群众生态环保意识，自觉参与河流保洁保护，共同维护河道环境整洁。

（三）用好双重身份，当好治河管河战斗员

龙山县部分河长既是河长，也是人大代表。作为人大代表，通过积极了解群众对优质水生态、优美水环境的需求，更好地促成工作实效，让人民群众有实实在在的获得感。如洗车河县、乡、村三级河长以人大代表的身份，积极调研了解沿岸群众真实需求，积极推动美丽河湖建设，促成农业农村、水利、交通运输、乡村振兴等部门整合项目建设资金1800余万元，修建生态河堤1.3千米，整治修复岸坡1.2万平方米，美化绿化岸坡2.9千米。取缔畜禽养殖场3个，对沿岸400余户居民进行改厕、改厨，修建居民化粪池400余口，农村生产、生活废水得到科学有效处理，群众生活环境得到优化美化。龙山县洗车河红岩溪毛坝至肖家坪河段成功入选2022年度湖南省"美丽河湖"。作为省、州、县人大代表，县总河长、县级河长高度重视、积极领办省总河长暗访片披露问题，召开龙山县河长制工作委员会2022年第一次全体会议，专题安排部署问题整改，多次开会调度并召集有关部门现场办公，对暗访片披露问题实行一月一调度，一月一进度。督促编制雨污分流规划，整治果利河沿河污水渗漏点17处，建设污水管网2千米收集居民生活污水，提升污水处理能力至5000米³/天，污水直排问题基本得到解决。

国家水土保持项目——生态河堤

【经验启示】

"河长＋人大代表监督"既是龙山县纵深推进河长制、推动解决河库相关问题的必然举措，也是多年来积极引导全民参与治水兴水爱水的必然结果，通过人大代表反映问题、监督问题、参与问题解决，让人大代表履职监督落到实处，各级河长实现从"有位"到"有为"的转变，各部门履职效能进一步提升，推动"河长＋"部门协作机制内涵更为丰富，"河长＋人大代表监督"助力"河畅、水清、岸绿、景美、人和"的河道治理目标加速实现。

（一）加强"河长＋人大代表监督"，必须广泛凝聚各级人大代表能力与智慧

人大代表从人民群众中产生，担当政治责任，履行法定职责，心怀"国之大者"，情系"民之望者"，并用实际行动诠释"人大代表为人民"的使命担当。要切实发挥人大代表一头连接人民群众，一头连接党委政府的纽带作用，通过人大代表这一媒介集思广益，善于发现问题，勤于调查监督，积极建言献策，督促问题解决好、落实好，为河长制工作凝聚全民智慧和力量。

（二）加强"河长＋人大代表监督"，必须坚持常态化全过程监督

在实践工作中，人大代表反映的问题、调研视察的问题往往是基层河长制的难点堵点问题，需要下大决心、啃硬骨头，不断进行斗争。问题解决到位很难做到一蹴而就，为此，人大代表更要通过调研视察、听情况汇报等方式，做到从发现问题到督促问题整改，再到整改完成全过程进行监督问效，切实解决好人民群众急难愁盼、相关单位长期推动不力的问题，推动河长制责任体系落实。

2022 年省级"美丽河湖"——洗车河

（三）加强"河长＋人大代表监督"，必须强化督导考核

为更好更有效地落实"河长＋人大代表监督"，需要进一步发挥好考核"指挥棒"作用，要及时修订和完善河长制工作考核办法，将各成员单位、各乡镇街道研究部署、落实人大代表监督河长制工作纳入河长制考核范畴，在各级河长述职中增加落实人大代表监督事项的有关情况，以考核倒逼问题整治实效，确保人大代表监督河长制工作落到实处。

（龙山县水利局供稿，执笔人：穆俐）

湖南省河湖长制 工作创新案例汇编

区域及跨省联防联控

携手解决跨界河湖治理"老大难"

——水府庙水库联防联控联治机制见实效

【导语】

　　跨界河湖往往是水环境治理的"老大难"问题。在"清四乱"工作结束后，由于水府庙水库地理位置特殊，跨湘潭市湘乡市和娄底市娄星区、双峰县3县（市、区），不同行政辖区因各自为政、各自施策，难成合力，治理成效不是十分理想，仍存在漂浮垃圾、非法捕捞、非法侵占水域岸线等跨区域治理顽疾。为有效解决水府庙水库管理职责不明确、管护不到位等问题，在湘潭市和娄底市河委会的共同指导下，湘乡市、娄星区、双峰县河委会经过深入调查研讨，3县（市、区）打破行政和区域壁垒，达成协作共识，逐步建立并完善了水府庙水库跨区域联防联控联治协作机制，共同肩负起"守护好一江碧水"的政治责任。

【主要做法及成效】

（一）在联防联控上下功夫，共护河库安澜

1. 轮流举办联席会议

　　湘潭、娄底两市按单双年份轮流举办联席会议，开展经验交流和信息互通。2022年11月12日，涟水及水府庙水库联防联控联治第一次联席会议在湘乡市召开，湘潭市、娄底市河长办共同签署《涟水及水府庙水库联防联控联治协作机制》，通过区域协同、上下联动、齐抓共管，推动涟水和水府庙水库管理保护再上新台阶。

2. 定期组织开展联合巡查

　　湘潭市湘乡市和娄底市娄星区、双峰县三方交界的河长办经常性组织开展联合巡查，每个季度1~2次，由湘乡市河长办牵头，娄星区、双峰县河长办轮流召集。加大跨界水域岸线管理保护力度，深入推进跨界区域"清四乱"常态化、规范化。根据工作需要，可突出重点区域、重点问题、重点时段适时组织开展跨界河流联合巡查。

3. 加强库区保洁工作，强化跨界区域管护措施

按照属地管理原则，两市沿线各乡镇同步落实属地河流、库区的垃圾及漂浮物清理打捞工作。在每年汛期前各地必须组织一次净滩行动，同时在不影响防汛度汛的前提下，在水府庙水库各支流处设立拦污设施，拦截生活垃圾及水面漂浮物，并及时进行打捞，确保垃圾上岸，最大限度地防止垃圾入库，确保水清、岸绿、景美。按照属地管理原则，涟水沿线河道保洁工作由湘乡市、娄星区、双峰县各负其责；库区保洁工作由湘乡市、双峰县具体承担。

4. 开展跨区域联合执法

根据需要组织 3 县（市、区）开展跨区域联合执法、水污染事件溯源侦查和联合打击水库范围内违法违规行为。在跨界交界一定范围内发现涉水违法违规行为，任何一方都有权依法依规查办，事后及时进行通报；涉及彼方的案件按相关规定移送。在交界水域范围，湘乡市、双峰县、娄星区建立联合执法大队，开展联合巡查。同时，聚焦水资源保护、水域岸线管控、水污染防治、水环境治理和水生态修复，两市同谋划、同部署、同落实，统一步调推进流域治理管理，合力提升区域河湖保护管理效能。

湘乡市、双峰县检察长部署联合巡河工作会议

（二）在责任落实上严要求，共建工作机制

1. 建立联席会议制度

由三方共同牵头组织，跨界的县（市、区）、乡镇和湘乡市水府旅游区事务中心参与，定期或不定期召开河长制工作联席会议。联席会议议题由三方商定，主要内容包括情况通报、经验交流、研究解决跨界河流管护问题等。联席会议每年召开 1~2 次，由各县级河长轮流召集，也可根据工作需要临时动议组织召开。

2. 建立信息共享制度

三方共享辖区内跨界河流的"四乱"问题、水生态环境风险隐患、水质监测状况、岸线保护与利用规划、"一河一策"实施方案、河道保洁监测系统等基本信息，促进三方统筹考虑水环境承载能力，合理制定防治措施，实现目标同向、工作同步、问题同治、成果共享。

3. 建立协同监管机制

坚持携手共治、协同监管，三方加强对库区跨界"四乱"问题整治、水生态环境风险防控、河流水域岸线管理保护与开发利用、水库保洁等协同监督管理，共商"一库一策"，共同推进水库环境治理。推动上游地区主动加强保护，下游地区支持上游发展，实现齐抓共管、携手共治、互利共赢的保护格局。以"清四乱"为重要抓手，加快水资源保护、水域岸线管控、水污染防治、水环境治理和水生态修复，巩固和提升库区水生态环境综合整治成果。

4. 建立应急协商处置机制

加强流域水生态环境事件通知和处置协作。当发生水生态环境破坏或出现水环境质量异常等情况时，事发地生态环境部门按照规定向受影响方生态环境部门及时通报情况。事发地河长办应将情况告知受影响方河长办，相互协作、妥善处置，最大限度地降低不良影响，确保水质稳定达标。受影响方应积极予以协助，加强应急物资信息共享、资源调配和应急救援等方面协作，协同开展应对处置工作。

5. 建立联络员制度

具体工作事项由三方日常办事机构协商落实。跨界的县（市、区）乡镇河长办以及湘乡市水府旅游区事务中心各确定 1 名联络员负责联络合作事务，加强联系和沟通协调。

湘乡市、娄星区、双峰县检察机关调研联合公益诉讼工作

（三）在保障措施上做文章，共筑长效机制

3县（市、区）河长办强化监督检查工作，严格执行工作实施方案，督促指导各部门建立健全各项规章制度，确保各项制度措施到位，为水府庙水库联防联控联治协作机制提供有力保障。

1. 加强科技手段保障

继续发展"科技＋河长制"工作模式，充分利用信息化技术建立河道管理信息数据库，为跨区域联防共治工作提供基础支撑。通过大数据、云平台、高清视频、无人机、360°监控摄像头等科技手段，开启智能治水新时代，助力河库"四乱"问题整治。

2. 加强普法教育保障

充分利用河长制公众号、政务网站、村村响等新媒体的宣传活力，开展多种形式的普法教育，宣讲爱河护河相关文件及政策规定、常见的污染河道行为、破坏河道护岸相应的处罚等内容。并为库区周边的群众解答河长制工作中的一些问题，进一步加强河长制工作的宣传和知识普及，增强群众关爱水府庙水库的法治意识，切实让群众参与到爱库护库的行动中，形成全民爱库护库的良好氛围。

3. 加强人力保障

组织开展有关人员业务知识的培训工作，重点围绕基层河长如何高效履职尽责、河湖长制工作的实践与思考、河湖长制政策与法律法规解读、河湖管理等方面进行专题授课。通过培训进一步聚焦河长履职的关键任务，增强巡河护河责任意识，持续推广3县（市、区）先进经验做法，发挥本身职能效应，提高水府庙库区跨区域联防共治机制运行水平。

4. 加强经费保障

三地各级人民政府及成员单位根据湖泊巡查、日常管养、库区水质水量、水生态监测等工作实际开展情况，加大水府庙水库水环境整治、水污染治理、生态保护修复等项目资金投入，并将跨区域联防联控联治协作机制工作经费纳入年度预算，以保障跨区域联防联控联治协作机制工作顺利推进。

自建立联防联控联治工作机制以来，三地共开展联合巡河工作20余次，共办理水生态环境和资源保护领域案件39件，共督促治理被污染的水域面积约80亩，督促治理失修的城市排水管道2处，督促清理河道违法种植农作物20余亩，督促拆除沿河敞口式垃圾池120个，督促清除沿河生活垃圾、建筑垃圾约50吨，整改8起非法围垦行为，共恢复水域面积约260亩。通过协同落实跨界污染防治、河道保洁、水事纠纷调处等措施，有效解决跨区域监督治理难题，全面形成了"联合预防、联合管控、联合执法、联合治理"的河长制工作新格局。

【经验启示】

（一）压实各级河长责任

各级河长要进一步强化思想认识，强化责任担当，真正履行好第一责任人的职责，切实加强河库管护；各地各部门要协同发力，严格按照"岸上与岸下齐抓、上游与下游共管、治标与治本同步"的工作思路，进一步建立完善多方参与的联防联控联治工作机制。

（二）加大全民宣传力度

要抓好舆论引导和宣传，深入开展"世界水日""中国水周""关爱母亲河，我们在行动""节约用水，从我做起""水生生物增殖放流"等多种大型宣传活动和"最美优秀河长""最美护河员""最美库区村"等评比活动，广泛宣传水府庙库区联防联控联治机制工作的重要性和必要性，切实增强广大群众爱库护库意识，形成全民参与、共同管护水府庙水库的浓厚氛围。

（三）加强督查考核机制

要进一步强化监督，强化工作举措，明确任务，着力解决突出问题，确保工作落地见效，严格工作责任追究，确保河长制工作有序推进，切实取得实实在在的成效。强化跨区域联防共治工作考核，将考核结果纳入河长制工作绩效评估指标体系，对成绩突出的予以表彰奖励，对落实不力的单位和人员严格追责。

水府庙水库

（湘乡市水利局河长制工作事务中心供稿，执笔人：肖志祥）

协同发力　共建共享

——宜章县推进武江跨界河流共治实践与探索

【导语】

武江（又名武水河）是珠江水系北江一级支流，发源于临武县武源乡三峰岭，流经湖南省临武县、宜章县和广东省乐昌市、乳源瑶族自治县，于韶关浈江区乐园镇教场村汇入北江，总流域面积7121平方千米，干流长260千米。其中武江干流宜章段流域面积331.6平方千米，长30千米，境内设置国控考核断面三溪桥（宜章县梅田镇）。因武江流经两省五地，全面推行河长制以前，流域治理存在多龙治水、各自为政的现象，省界断面河道垃圾淤积、水质超标问题时有发生。

宜章县积极探索加强省际区域河长制协作，2020年12月15日，宜章县河长办与广东省乐昌市河长办签署了《边界区域河长制合作协议》，开启了湘粤边界区域跨省河流联防联控的新篇章。通过系统治理，武江流域总体环境质量极大改善，2020—2022年，三溪桥国控断面水质监测年均值均为Ⅱ类，水质整体优良，初步实现了"河畅、水清、岸绿、景美"愿景。

宜章、乐昌边界区域河长制合作

宜章、乐昌两地边界区域河长制合作协议签约

【主要做法及成效】

（一）建立机制，明确责任

1. 建立河长制协作机制

为加强湘粤边界区域跨省河流管理，构建省际河长协作机制，推动湘粤边界区域合作示范区建设战略合作框架落地见效，实现流域联防联控。2020年12月15日，宜章县河长办与乐昌市河长办签署了《边界区域河长制合作协议》，建立跨省河流管护联席会议制度、信息共享机制、协同管理机制、联合巡查执法机制、集中清理保洁机制、流域生态环境事故协商处置机制。同时宜章、乐昌两县（市）河长办各确定1名联络员，具体负责联络事宜。

2. 建立生态环境保护联防联控机制

为进一步完善宜章、乐昌两地生态环境保护联防联控工作机制，加强团结协作，推进生态环境联防联治，保障生态环境安全，2023年2月8日，郴州市生态环境局宜章分局与韶关市生态环境局乐昌分局共同签订《宜章、乐昌两地生态环境保护联防联控框架协议》，建立了执法监测联动机制、项目共建信息共享机制、突发环境事件应急协调处理机制和固体废物联防联治机制。同时双方各指定一名联络员，负责协调处理和日常联络工作。

（二）夯实基础，注重管护

针对武江流域存在的河湖管理范围界限不明、监管巡察力量不足、河道管护人员不到位、运行机制不健全等问题，近年来，宜章县加大财政投入，补齐工作短板。

1. 搭建"千里眼"

投入84万元在武江及其支流建设了28个河道保洁视频监控点；县河长办明确专人每

天开展电子巡察监管，实现了"坐地日巡千里"。

2. 划好"管理线"

投入468万元完成了26条规模以上河流管理范围划定工作，为近千千米河岸线划定了管理范围红线，并埋设界桩1007个、告示牌146个，为河湖监管执法夯实了基础。

3. 明确"管护员"

全县共明确县、乡、村三级河长382人，河道保洁员和巡河护河员460人，作为河流管护的一线监管力量，县财政每年安排各类河湖管护经费464.4万元，打通河湖管护"最后一公里"。

4. 构建"执法网"

县政府办印发了《宜章县水行政执法责任制度建设实施方案》。在县水政监察大队的基础上，组建武江执法中队，办公地点设在梅田镇政府，同时在武江11个行政村各明确1名水政协管员，确保第一时间上报查处涉河违法行为。

跨界流域突发环境事件联合应急演练

（三）跨界协作，共管共治

宜章县是珠江水系的源头，属珠江流域北江水系的流域面积有2015平方千米，占全县总流域面积的94.04%。全县流域面积50平方千米以上的河流有24条，其中武江及其支流占了20条。加强武江跨省界河流共治，对湘粤边界区域河长制从"有名""有实"向"有力""有序""有效"转变具有重要的意义。

1. 主动作为，做好源头污染管控

强化流域重金属污染防治。针对历史上出现重金属超标、武江环境风险仍未完全消除等问题，宜章县突出问题导向，开展武江重金属污染源解析，分区域、分类型、分批次开展了武江重金属污染防治工作，对境内污染源进行地毯式排查，大力实行现有企业关停、整合、升级、改造项目，加强防污治污关键节点实时监控，优化产业空间布局，优化水资源配置，有效降低污染风险。针对武江每年8—10月高温季节枯水期水量下降以及其他极端天气等情况，宜章县严格落实防控措施，加强环境突发事件预防预警和应急处置，在武江特殊时段、特定区域采取水质加密监测、科学调度水量、强化企业管理等10条特殊措施，确保了枯水期武江水环境质量状况的稳定。

2. 加大投入，推进重点项目实施

近年来，宜章县先后投入6000多万元对玉溪河流域进行了综合整治；投入1100万元对天沅化工废水处理系统进行升级改造，投入914万元开展杨家河重金属污染专项修复治理；投入600万元对金子坪矿320隧道废水处理站进行改造。

3. 加强协作，强化联合监管执法

湖南省宜章县和广东省乐昌市探索建立跨省河流涉河案件联合执法及河流环境污染纠纷案件溯源协查机制，突破行政区域局限，深化交流合作，不定期组织开展跨省河流的联合巡查、联合执法、联合应急和联合治理，加大武江涉水行业的日常监管和随机抽查力度，严厉查处各类涉河违法行为，坚决打击污染河流水体、违法采砂等违法犯罪行为。

4. 上下联动，协同开展河道保洁

湖南省宜章县与广东省乐昌市一衣带水，辖区武江下游就是乐昌市三溪镇。为了共同维护武江水面洁净，保护"一江清水"，宜章县和乐昌市河长办建立了跨省河流集中清理保洁机制，原则上双方按照属地责任开展跨省河流日常保洁工作，同时确定每年4月、10月为宜章、乐昌两地集中开展跨省河流集中清理保洁月，上下游共同开展河道保洁工作。在遇洪水过后，水葫芦集中生长等情况时，由双方河长办协商处置。如2022年11月27日，接到群众举报"武江宜章上游临武县界断面河面漂浮大量水葫芦"问题后，宜章县迅速组织人员进行实地调研，及时向上游临武县河长办进行反馈，向郴州市河长办进行汇报，并与乐昌市河长办加强协商，按照属地责任启动跨省河流应急保洁工作。宜章县制定了清理行动方案，落实工作经费，组织打捞队伍，对辖区河道上的水浮莲进行了拦截和

宜章县、乐昌市强化湘粤边界区域合作协同处置水葫芦漂浮事件

打捞清理。乐昌市同步安排专人专班指导督促河道保洁单位加大水上保洁船、保洁员等人力物力投入，采取机械化清漂、设置拦截网等有效措施加快打捞清理。双方共投入资金约10万元，船只70艘次，吊车、钩机、铲车、垃圾转运车等设备10台，人力440余人次，清理水浮莲约1050吨，有效保障了武江省界河段的干净整洁。

【经验启示】

（一）跨界河流治理，要保持高位推动

宜章县与乐昌市建立跨省河流管护联席会议制度，联席会议由宜章、乐昌两地县级河长办轮流举办，会议主要内容为经验交流、信息互通、解决跨区域性水生态环境问题等。原则上每年举行1次，视情况可由轮值方提议、双方协商后临时召开。近年来，宜章县与乐昌市两地河长办分管县领导，有关成员单位负责人多次就边界区域河长制合作、河流生态环境保护联防联控、河道保洁、河道采砂、水资源管理等议题召开会议，共商良策。

（二）跨界河流治理，要做到信息共享

宜章县与乐昌市建立了跨省河流信息共享机制，加强对跨界河流"四乱"问题、河道非法采砂、河道保洁、环境风险隐患点、工业污染、畜禽养殖、水质监测、水量等信息共享。原则上两地河长办每季度相互通报1次水质监测相关信息，遇突发水污染事故，每天通报1次污染源、水质监测、水量等相关信息。如在2022年11—12月联合处置武江上游水葫芦漂浮事件中，宜章县与乐昌市河长办每天共享河道保洁实时动态，根据上游实时水量、水葫芦漂浮情况，动态调整打捞船只、机械和作业人员。事件处理完成后，又向新闻媒体发布了宣传报道，确保了突发应急事件处置及时、有序、有效。

（三）跨界河流治理，要主动担当作为

涉及跨界河流治理，下游地区承担的河道保洁、水污染防治等方面的工作任务、人财物的投入要比上游多不少，这就要求上游地区要主动担当，不推诿扯皮，不能把难题交给下游，要在截污控源和综合治理方面加大力度和投入，确保垃圾不出境，废水不入河。同时下游地区也要积极主动与上游沟通，推进流域生态补偿的跨省协商，推动建立省际合作的生态补偿制度，从源头上促进流域经济社会与资源环境的协调发展。

（宜章县水利局供稿，执笔人：曾新雄、王建建）

湖南省河湖长制 工作创新案例汇编

河湖长制考核与激励问责

以制度明职责　以考评促日常　以实绩论英雄

——浏阳市建立四档考核评分体系，营造争先进位浓厚氛围

【导语】

浏阳市是典型的水利大县，境内有浏阳河、捞刀河、南川河等湘江一级支流，流域面积在 50 平方千米以上河流 36 条，10 平方千米以上河流 151 条，小微水体 3 万余处，各类水库 144 座。

虽然浏阳市河长制工作取得了积极成效，但是上热下冷现象依然存在、水质超标问题偶有发生、河库管护质量还需提升等。针对河库管理任务重、涉及相关人员多、重难点问题需要解决、问题背后思想根源需要攻克的现实情况，为掌握工作主动权，浏阳市做好顶层设计，对标优化完善河长制工作考核细则，通过"系统谋划 + 分项考核"以制度明职责、"明察暗访 + 按季评分"以考评促日常、"正向激励 + 负面扣分"以实绩论英雄等措施，不断建立健全河长制四档考核评分体系，用好考核指挥棒，做到考出差别、考出优劣、考出权威，确保河长制责任全面扛牢扛稳，河库管护各项工作全面推进、全面提升。

【主要做法及成效】

（一）"系统谋划 + 分项考核"以制度明职责

考核细则既对标对表省市考核标准，又结合基层实际，激发河长制工作动力的同时，不给基层增加压力。在分管副市长的指导下，广泛征求绩效办、所有被考核单位意见后，印发河长制工作考核评分细则，将 32 个乡镇（街道）、32 个市直成员单位纳入考核范围，从河长履职、河长制工作落实、重点任务完成等 5 个方面明确 27 项乡镇（街道）考核内容，从组织巡河巡库、宣传发动、任务完成、项目联审及监管等 7 个方面明确 11 项市直成员单位考核内容，并对每一项考核内容赋予差异化百分制分值，以制度形式明晰各单位职能职责。考核工作关系到年度评奖评优与绩效发放，与单位、个人利益切实相关，通过完善考核机制，激发了主动作为的干事热情。各级河长、成员单位思想上更加重视，河库管护

工作责任进一步扛牢，单位与个人更加积极主动作为，做到把功夫花在平时、下在日常，保证工作项项过硬、时时过硬、人人过硬。

（二）"明察暗访＋按季评分"以考评促日常

对照考核内容，联合政府督查室、住建局、生态环境局、农业农村局、农发中心等相关成员单位，采取联合检查与专项检查相衔接、明察与暗访相结合的方式，常态化开展"四不两直"暗访督查和专项督办，及时召开总河长会、调度会、推进会等专题会议对重大问题进行调度。对河长制工作中存在的问题，对照考核细则，在河长制工作通报中进行预扣分，并对通报扣分存在异议的各单位给予书面报告申诉的机会，让被考核单位心服口服。预扣分情况严格纳入季度评分，并将季度平均分作为年度评分依据，以考核促日常，确保各项工作有力有序统筹推进。通过对考核内容细化量化，逐项评分，形成了更加科学规范的考核体系，让考核结果更加准确客观、合理公平，同时经过通报将各单位日常工作得分情况公之于众，各单位对河长办考核工作形成了有效监督，年度考核打分时有理有据，避免了平时业务不精不勤、考核时全靠沟通协调的问题。

2022 年总河长会议

（三）"正向激励＋负面扣分"以实绩论英雄

建立河长述职测评制度，由县级、村级河长对镇级河长履职情况进行测评打分。百分制考核评分结果划分四档报绩效办纳入统一考核，一档加分，二档不加不扣，三、四档扣分，通过考核、测评督促各单位及河长找差距、补短板、培亮点、促提升，营造争先进位、比学赶超的浓厚氛围。如2022年河长制考核细则中第一次设立加分项，各单位为获得加分，积极努力创新。2022年，自7月下旬开始持续晴热高温少雨天气、境内有气象干旱发生（其中66天达到特旱等级）的情况下，抓早抓好、统筹推进各项任务，不仅确保了浏阳河出境断面水质稳定达到Ⅱ类，捞刀河、南川河水质稳定达到Ⅲ类及以上，还圆满完成妨碍行洪、"清四乱"、水土保持、最严格水资源管理等 76 项年度综合治理任务。2022 年浏阳市河长制工作被《焦点访谈》（1 次）和省河长制工作简报（2 次）推介。

穿城而过的浏阳河

【经验启示】

（一）考核目的是激发主动作为的精神

2022 年河长制考核细则有一个巧妙的细节，即在不加分不减分的情况下，满分为 94 分，如果各单位不争取加分，则年度考核中会自动沦为第二档。扣分不是目的，重点是要让各单位积极担责履职，因此，要倒逼各单位和个人要发扬"跳起来摘桃子"的精神，避免躺平式履职。

（二）考核机制要发挥"指挥棒"的作用

经过一年实践，发现浏阳市河长制考核机制还可从多方面多角度完善，如考核分值可以进一步拉开差距，可以探索结合各单位职能职责和工作重点开展差异化考核，争取将河长制工作纳入市委、市政府季度考核与点评工作等，充分发挥考核"指挥棒""风向标"作用。

（三）考核内容要具有清晰明确的任务

要实事求是，根据上级工作要求和本级工作特点、难点，有针对性地制定考核内容，对每一项任务要求进行明确，使考核细则达到河长制工作指南深度。

（浏阳市河长制工作事务中心供稿，执笔人：蓝海东、彭志龙）

湖南省河湖长制 工作创新案例汇编

流域统筹协调

红色游　生态绿

——韶山市韶河南源美丽示范河湖创建

【导语】

　　韶河位于涟水流域，为涟水一级支流，属于湘江水系，韶河在韶山境内的流域面积为173平方千米。韶河有两源，北源是韶河主源，发源于杨林乡石屏村，经杨荣村进入清溪镇，在石湖村双河口与韶河南源汇合。韶河南源发源于韶山乡滴水洞，经韶山冲青年水库，下行5.4千米在双河口与北源汇合，河长15.5千米，河段主要流经韶山冲核心景区。其中，在韶山冲处沿韶河两岸分布着包括毛泽东故居、滴水洞、铜像广场、毛泽东图书馆、纪念馆等国家一线景点。

　　党的十八大以来，韶山市红色旅游蓬勃发展，韶山游客接待量从2012年的845万人次，猛增到2019年的2563万人次。在景区游客"井喷式增长"的同时，韶河南源的污水直排、农业面源污染等水环境问题逐渐凸显。

　　近年来，韶山市不断创新工作方式，坚持生态优先、绿色发展，调结构、治污染、美生态、建体系，全面加强韶河治理保护，以韶河南源美丽示范河湖创建为契机，统筹生态环保和产业发展，探索美丽河湖建设新途径，韶河生态环境持续改善，民生福祉不断增进，全力打造人水和谐的幸福河湖，为乡村振兴、绿色发展、生态宜居提供了有力的水环境支撑。

【主要做法及成效】

　　为整治改善全面提升景区面貌，打造世界知名旅游目的地，韶山市委、市政府决定以全面推行河长制工作为抓手，强化韶河南源河道治理，做好日常保洁管护，实现"河畅、水清、岸绿、景美、人和"，让群众获得感、幸福感、安全感明显提升。

（一）加强领导、高位推动，凝聚治理合力

　　韶山市委、市政府始终高度重视韶河南源治理，市委书记、市长多次亲赴一线督导韶河南源防汛抗旱、项目建设、巡河管护等工作，明确要求加强防汛抗旱能力建设，提升水

体水质，改善河流生态环境。加强工作联动，建立综合执法机制。积极推动水利、农业、环保、公安、乡镇等部门行政执法权的整合，建立韶河问题快速反应处理机制，统一行动，集中攻坚，形成了合力治河、依法治河的综合执法体系。2022年以来，水利、住建、生态环境等部门协同开展入河排污口排查专项行动和防范化解重大生态环境风险隐患"利剑行动"，通过暗访督查、突击检查、资料核查等方式，发现并依法整治涉河、涉库（渠）非法排污行为13起。

（二）健全机制、压实责任，锻造治理主力

认真落实河湖长制，着重提升河湖长履职质效，健全党委、政府"一把手"负责制，建立"河长＋河长助手＋民间河长＋河道警长＋检察长"的"4+"管理组织体系。每年印发并不断完善河湖长制工作要点，进一步细化量化各级河湖长在巡河次数、时长、发现问题、交办督办等方面的履职要求，高标准开展巡查调研活动。强化督查考核，完善考核办法，严格按照"一月一暗访，一季一明察"要求，落实"月计分、季讲评"制度，用好总河长令、河长令和交办单三大"利器"，针对发现的问题按照"一单四制"的原则进行整改，实行"查、认、改"闭环管理，以严格督查考核推动各项工作落实落细。2022年共下达市级河长交办单8个，各相关部门均按照河长要求落实完成。在韶河南源设立2名市级河长、18名乡级河库长、17名村级河库长履职尽责，各级河长巡河1073次，其中市级24次、乡级216次、村级833次，发现问题共723个，均已完成闭环处理。同时，按属地原则在韶河南源建立了河、库、山塘水域保洁长效管护机制，做到每一片水域都有专人管护、专人保洁。完善信息公开，沿河岸设置"河长"公示牌，写明河道情况、市乡村

韶山市韶山冲韶河南源生态清洁小流域治理后

三级河长职责及监督电话，方便群众监督举报。

（三）科技加持、精细管理，提升治理智力

严格落实湘潭市河长办有关要求，完善"电子水系图"和"河长制信息系统"，将韶河南源状况基本信息、河长制工作信息、水利设施基本信息纳入"湘潭市电子水系图"，实行挂图作战，用好智慧治水 App，实现了智能巡河、智能管水、智能治水。充分运用无人机、视频监控等现代信息技术，强化"技巡"手段，加强重点区域监管，实行实时监测，推动形成"全天候、全方位、全覆盖"立体监管体系。提升防洪防汛能力，筑牢底线底板，强化"四预"（预报、预警、预演、预案）措施，加强实时雨水情信息的监测和分析研判，完善水旱灾害预警发布机制，及时发布水情预警、山洪灾害预警，守护好周边群众的生命财产安全。

韶山市韶河南源段青年水库治理后

（四）立足实情、谋划项目，强化治理支力

自 2017 年开始，累计投资 4000 万元，实施了控源截污、清淤护堤、水源涵养、景观打造及湿地恢复等工程。以问题为导向，综合考量河流的功能、特点，做到"一河一策"，将摸清河情与科学规划、清河固岸与生态修复、立足治河与放眼治污、河流治理与乡村振兴、河流治理与红色文旅等五个方面结合起来，整合投入资金打造韶河现代农业示范园、韶河生态水产养殖基地等产业，建设韶山冲水环境综合整治工程、韶山冲韶河韶山市治理工程、韶山冲生态清洁型小流域建设项目等一系列项目，为韶河治理提供坚实支撑，助力核心景区面貌提质升级，促进了乡村产业振兴。加强河道综合整治。对沿河两岸商铺进行了全面排查，对排污不合格的商铺进行重点整治或关停取缔；按照分期、分批、分段原则，实施了河道疏浚工程，累计完成清淤 40 万平方米、砌筑河堤 3 千米；采取堆石护岸、草坡护岸、卵石河滩等方式，对沿河两岸进行了生态修复，进一步提升了河道生态水平和蓄水能力。

韶山市核心景区山塘治理后

（五）积极宣传、发动群众，增添治理助力

韶河是韶山的母亲河，治理韶河离不开韶山人民的支持与帮助。市河长办全面宣传河湖长制工作，每年结合"世界水日""中国水周""关爱母亲河，保护饮用水水源地""河库保洁志愿行""净滩行动"等多项志愿宣传活动，积极宣传河长制和河湖管理保护政策，增强了人民群众生态环保意识。发放宣传资料，宣讲河长制重大意义、河湖长制工作主要任务等。通过动员宣传，得到了周边群众大力支持，河道沿线生活垃圾也大大减少。充分利用电视、广播、报纸、微信公众号等媒体对河湖长制工作进行宣传和普及，切实增强群众对河流保护的责任意识，提高群众对河湖长制工作的参与度。政府官网发布公告，鼓励公众参与，相互监督。通过公布投诉举报电话、更新河长制公示牌等措施，鼓励争当河流志愿者、护河员等方式扩大公众参与面。几年来，韶山市共开展河湖保护宣传40余次，开展"河小青""映山红"志愿者河库保洁行动22次，参与者达3000余人次，发放宣传单10000余张；通过电视、广播、报纸、公众号等媒体宣传30余次；招募河湖保洁志愿者200余人，群众爱河护河及参与意识进一步提升。

保护一河清水，事关人民群众福祉，是一件持之以恒、贯彻始终的工作，韶山市紧跟绿色发展大潮，守正创新，努力实现"河畅、水清、岸绿、景美、人和"的美好目标，深入贯彻落实绿色发展理念，为建设人民满意美丽幸福河湖作出积极贡献。

【经验启示】

（一）坚持高位推动，工作责任不断夯实

河流管治是各级党委政府河长制工作的重点，不仅需要各级党委高度重视，也需要全

民参与、自觉维护。完善"河长＋河长助手＋民间河长＋河道警长＋检察长"的"4+"管理组织体系，压紧压实各级河长责任，加强河长履职、监督检查、正向激励和考核问责，持续推动河长履职尽责。充分发挥各级河长"头雁效应"引导群众参与到爱河护河行动的桥梁，实现河库功能永续利用、人水和谐共生。

（二）突出特色亮点，结合项目持续推进

加快青年水库至上韶河文旅走廊建设，拓展韶山核心景区文化旅游空间，全面推进青年水库河长制主题公园建设，结合中小河流治理等涉水项目，打造有湖南特色的全国性示范主题公园，将红色文化与水文化有机结合，联动红色基因，赋能绿色生态，扮靓青年水库国家水利风景区，推动全域旅游发展。

（三）聚焦长效管护，引领全民参与共治

将河长制和水环境保护纳入村规民约，成立理事会，由农村"五老人员"担任理事会成员，助力河长制工作的开展。开展"优秀党员河长"评选，"党建领航，爱河护水"实践，将河长制工作与主题相结合，以"党员示范岗"为主导，亮身份、讲担当，示范带动全市形成"守护一江碧水"的良好氛围，切实实现全民共治。

（韶山市河长制工作委员办公室供稿，执笔人：蒋韬）

湖南省河湖长制 工作创新案例汇编

部门分工合作

五管齐下　标本兼治

——汉寿县农村污水治理的实践与成果

【导语】

汉寿地处湖南省北部、洞庭湖西滨、沅澧水尾闾，东临益阳、西靠常德，全县总面积 2021 平方千米，人口 83 万人，辖 17 个乡镇、4 个街道办事处、1 个高新技术产业园区，水域及水利设施面积占全县总面积的三成以上，人均水域面积超过 1 亩。2017 年以前，由于投肥养鱼、珍珠养殖、畜禽养殖、栽种黑杨等行为对环境产生了破坏性的影响，导致汉寿县水环境不断恶化。

近年来，汉寿县委、县政府带领广大干部群众，以习近平新时代中国特色社会主义思想为指引，坚决贯彻中央和省市"生态优先"决策部署，毅然发起水环境治理攻坚战，举全县之力，从整治农村生活污水、推进农村改厕建设、着力哑河生态修复、开展内湖环境整治、实施河湖连通工程五个方面入手，铁腕攻坚，完成了农村污水治理，保障了水环境持续改善，生态经济发展取得丰硕成果。

【主要做法及成效】

（一）农村改厕建设

汉寿县委、县政府从资金上予以倾斜，农业农村、生态环境、住建、卫健等部门通力协作，将改厕与新农村建设相结合，以三格式无害化户厕和四格式污水净化池建设为主，大力开展农村改厕项目建设。引导农户结合新建房屋自主改厕，推动农村新建房屋实现"黑灰水"分流，同时规范农户生活污水排放，逐步实行严格的雨污分流，实现生活污水的有序排放和规范治理。共投资 5200 万元，建成农村分散式四格式污水处理系统 3134 套，完成农户三格式化粪池改造 47158 户。截至 2022 年 8 月，汉寿县共完成 93 个行政村的农村生活污水治理，全县 40% 以上的行政村生活污水得到有效治理。生活污水乱排现象得到有效管控，乡村水体水质显著改善。据估算，全县实施农村生活污水治理的村，每年可削减重铬酸钾指数约 156 吨、氨氮约 10.14 吨、总磷约 1.56 吨。

农村改厕建设后

（二）农村生活污水集中式处理

对人口较为集中、地势较好、交通方便、管网健全的村庄建设集中式生活污水处理项目，配套建设管网、渠道，收集处理生活污水。在岩汪湖、株木山、沧港、坡头、崔家桥等乡镇分别建设集中式生活污水处理系统，采用先进的"接触厌氧＋人工湿地"处理工艺，确保处理后的污水达标排放。目前，汉寿县建成乡镇集镇污水处理厂20座，实现了乡镇集镇生活污水处理全覆盖，生活污水处理总规模达1.97万吨／日，配套主管网总长约120千米，支管网约150千米，共纳入农户10534户，构建了覆盖城乡的污水收集处理体系。经处理，所有污水处理厂出水水质均稳定达到一级A类排放标准。流域水环境质量得到了明显改善，尤其是洞庭湖蒋家嘴国控断面水质明显好转，在全省洞庭湖流域11个国控断面中率先达到Ⅲ类标准。2022年1—8月蒋家嘴国控断面总磷平均浓度为0.047毫克／升，稳定达到Ⅲ类水质。

（三）岩汪湖哑河流域水环境生态修复工程

汉寿县岩汪湖哑河流域，全长15千米，支流18条，流域总面积351.87平方千米，流域内总人口23.34万人，尾水从岩汪湖大电排直接排入西洞庭湖。从2020年开始，汉

岩汪湖哑河流域水环境生态修复工程整治前

岩汪湖哑河流域水环境生态修复工程整治后

寿县委、县政府投入 4.96 亿元，采取"截污、清淤、活水、生态修复"等举措，全面实施流域整治及总磷污染控制与削减工程，确保水体达标。

（四）太白湖内湖整治

太白湖位于西港镇太白湖垸内，现有面积 8700 亩。近年来，受农村生活污水、农业面源污染、畜禽水产养殖污染，加之湖体低泥释放、湖床不断抬升等原因，太白湖水质污染严重，呈 V 类水质。2021 年，汉寿县投入 1700 万元，着力实施太白湖生态环境整治和生态修复工程，工程以"控源截污、生态修复"为总体治理思路，采取内源治理、农村集中区生活污水处理、农业径流拦截及沟渠入湖口人工湿地建设等措施，对多条槽沟渠进行清理，新建人工湿地，对太白湖周边农户安装四格化粪池，太白湖生态修复项目建成后，主要污染指标明显下降，太白湖水质明显好转，从 V 类、劣 V 类水质提升至Ⅳ类、Ⅲ类。

（五）农村河湖连通工程

为切实解决沅南垸沧浪河流域与撇洪河流域的水生态环境问题，2020 年，汉寿县投入 3500 万元启动了翻水口河湖连通水利枢纽工程建设。该工程将沧浪河与撇洪河有效连通，把沅江汉寿段上游河水通过堵口河引入，经翻水口河湖连通工程将水经撇洪河流入西洞庭湖，实现了生态活水、生态补水、河湖水体大循环。该工程完工后，撇洪河南洋嘴断面水体基本稳定在Ⅱ类水质标准，安乐湖断面水体基本稳定在Ⅲ类水质标准，达到了改善沧浪河流域及撇洪河流域水质，创建生态水系的基本目标。

翻水口河湖连通水利枢纽工程建设后

【经验启示】

（一）水环境治理，必须坚持控源截污，有序排放

汉寿县坚持以"治标先治本"为原则，结合当地地形气候、土地资源、经济条件等，对农村生活污水处理技术进行选配，采用集中式生活污水处理设施、三格式化粪池、四格式污水处理系统等多种技术相结合，实现了农村生活污水有效管控、有序排放，主要污染指标明显下降。

（二）水环境治理，必须坚持生态修复、规范治理

汉寿县坚持以"生态修复"为总体思路，一是采取内湖整治沟渠清淤等措施，实现了水环境污染指标持续下降；二是通过水系连通工程，连通各大水系，实现了生态活水、生态补水、河湖水体大循环，稳定水质，确保水体达标。

（三）水环境治理，必须坚持党政领导、部门联合

汉寿县党政主职牵头抓总，带头压实部门主体责任，各有关单位相互配合、各司其职，充分发挥本单位职责职能，开展水环境治理，实现了"党政主责、部门联动、多龙治水"，推动水环境治理更加"有力""有效"。

（汉寿县河长制工作委员会办公室供稿，执笔人：黎瑶）

力促五强溪库区拦网及钓鱼平台拆除

——沅陵县创新河湖长制联合执法机制

【导语】

沅陵县五强溪库区是流域性水库,涉及 14 个乡镇、15 万移民,库区网箱养殖历经 20 年,涉及 1468 户 5890 人。历史积留问题多,整治难度大。2018 年以来,全面推动"网箱上岸""禁捕退捕""洞庭清波"等专项治理行动。4 年来,全县共取缔网箱 104 万平方米、养殖棚 2.97 万平方米、钓鱼棚 4.96 万平方米、钓鱼平台 3.36 万平方米,销售处理存鱼 1.6 万吨。

2022 年初,沅陵县委、县政府切实加大五强溪库区遗留网箱、底座、钓鱼

网箱拆除前

网箱拆除后

平台和拦网的拆除工作力度。安排拆除经费 470 万元，于 3 月 9 日正式启动集中整治行动，到 5 月底已拆除遗留网箱 1047 口、底座 136 个、钓鱼棚 216 座、钓鱼平台 48 个，销售存鱼 40 余万斤。但在湖南省总河长会议暗访片披露问题中，沅陵县五强溪库区仍存有拦网 99 处、钓鱼平台 80 处未拆除。

湖南省总河长会议暗访片问题下发以来，沅陵县委、县政府集中人力、物力，组建了领导小组和工作专班，制定了问题整改工作实施方案，在沅江五强溪库区范围内，以陈家滩乡为重点积极开展"拦网拆除和钓鱼平台清理"攻坚战。特别是在清理过程中创新河湖长制联合执法机制，从县直部门、乡镇抽调 150 人组建了河长制联合执法队伍参与平台及拦网拆除集中攻坚行动，仅用 5 个月时间，拆除垂钓平台 80 处，拦网 99 处，在全市乃至全省树立了工作典型，为全面打赢河湖问题整改攻坚战贡献了重要力量。

【主要做法及成效】

（一）以上率下，高位推动

为了克服工作阻力、层层传导压力、形成工作合力，沅陵县委、县政府制定下发了《省总河湖长会议暗访片披露问题整改工作实施方案》，成立了以县委书记任第一组长、县长任组长，县委副书记任常务副组长的沅陵县省河湖长制暗访片披露问题整改工作领导小组，领导小组下设办公室于农业农村局，由分管副县长兼任办公室主任，县农业农村局局长任办公室常务副主任。同时设立综合协调、政策宣传、存鱼处置、集中整治、违法打击、信访维稳、舆情防控、督查问效、执纪问责等 9 个工作专班。

（二）明确职责，压实责任

根据职能分类细化实化工作任务，制定问题整改销号专项行动责任清单，进一步压实县级领导统筹协调、乡村具体实施、相关部门职能管辖的主要责任，落靠执法主体和执行主体，做到了各司其职、各负其责、密切配合、形成合力，以开局就发力的状态、起步就冲刺的节奏，锚住目标，迅速掀起问题整改销号行动高潮。一是压实联乡县领导和各级河长责任。明确联乡的县级领导为拦网和钓鱼平台拆除工作牵头领导，同时构建以县、乡、村三级河长为核心的拆除工作"河长责任链"，确保拆除工作各项责任落实。二是压实乡级主体责任和部门监管责任。有关乡镇落实问题整改属地主体责任，县公安局（县森林公安局）、县农业农村局、县市场监管局、县水利局、县畜牧水产事务中心、县水运事务中心、县水库移民事务中心等单位落实行业监管责任，县河长办落实组织协调、牵头抓总责任，确保了县直部门的统筹协调和监管执法到位。

（三）强化宣传，扩大声势

为进一步推进省河湖长制暗访片披露问题整改，沅陵县河长办做了大量细致的宣传工作。一是县政府先后发布了《关于沅水流域沅陵段禁捕的通告》《关于限期拆除五强溪库区平台底座和围栏网具的通告》。二是将《关于沅水流域沅陵段禁捕的通告》《关于限期拆除五强溪库区平台底座和围栏网具的通告》和湖南省人大常委会《关于促进和保障长江流域禁捕工作的决定》等相关法律法规制作成音频，利用广播电视、新媒体网络、广播"村村响"、宣传车等方式，坚持每天播放。各单位、企业及门店电子显示屏滚动播放相关政策。三是印刷、发放宣传单10000余份，张贴标语、横幅2200余条，县、乡、村三级干部进村组、入农户，把相关政策宣传到户到人。并通过电视、网络及广播"村村响"等形式对问题整改工作进行宣传，知晓率达到100%。

（四）深入排查，跟踪问效

为破解难题、打开工作局面，一是细致排查。收到交办函后，沅陵县立即组织乡镇和相关部门，运用现场踏查、无人机拍摄、实地勘测等手段，对区域内拦网和钓鱼平台存在情况先后进行了二次地毯式排查，保证全覆盖、无遗漏。二是重点突破。在问题清理工作开展之初，由于多是历史遗留的长期问题，又涉及当地农户经济利益，导致库区多处存在互相观望和攀比情况，工作开展阻力重重。为破解难题，沅陵县采取库区养殖户一把尺子、一个标准、一个步骤、同步拆除的方式，统筹推进问题清理整改工作步入正轨。三是跟踪问效。为保证整改质量和进度，沅陵县积极采取"清单制链条式"工作方法，对全县问题台账逐个细化分界，详细制定《沅陵县省河湖长制暗访片披露问题整改清单》，实行"一事一单""一地一单"，逐项明确牵头部门、整改措施、整改目标和完成时限，逐一咬合责任链条、时间链条、措施链条，倒排工期，紧逼加压、跟踪问效，全面提高问题整改的质量、速度、效果。

（五）县乡联动，尽锐出击

为全面打赢省河湖长制暗访片披露问题整改攻坚战，按照《沅陵县河长制联合执法工作实施方案》，2022年7月10—25日，沅陵县从水库移民、农业农村、公安、水利、畜牧水产、市场监督、水运事务中心及重点乡村抽调150余干部力量，组成攻坚专班，开展钓鱼平台拆除集中攻坚行动。同

沅陵县陈家滩乡五强溪库区拦网及钓鱼平台拆除部门联合执法现场

时，成立了集中攻坚行动指挥部，对整改工作实行一日一调度、一日一通报，确保拆除整改工作扎实有效开展、取得明显成效。10月28日，沅陵县按照领导不变、队伍不变、机制不变、力量不减的原则，组织开展了拦网拆除集中攻坚行动。与此同时，为确保问题清理整改工作彻底，杜绝虚假整改情况，沅陵县从县纪委监委、县水库移民管理局、县农业农村局、县水利局、县公安局等部门抽调人员，组成专项督导组，进行严格督导检查，采取对照问题台账全面排查和重点抽查的方式对清理工作进行检查督导。问题整改工作开展以来，沅陵县克服困难，在财政压力较大的情况下，加大资金投入力度，确保按照要求时间节点完成工作任务。

【经验启示】

（一）方向明确，坚持人民利益为上

突出库区网箱和钓鱼平台问题整改和拆除是河湖长制落地生效，实现河湖长制从"有名"向"有实"转变的重要抓手，同时也是切实维护关乎人民群众利益，实现"河畅、水清、岸绿景美、人水和谐"美好愿景的关键手段。通过集中开展河湖突出问题攻坚战，向所有长期存在的、群众关心的、社会关注的涉河湖问题重拳出击，恢复了沅陵县"母亲河"的美好面貌。这既是践行习近平总书记"绿水青山就是金山银山"理论的生动体现，也是履行河湖长制工作职责的努力方向，更是国家实施长江"十年禁渔"成果凸显的根本保证。

（二）关键保障，突出党政领导履责

党政主要领导作为总河湖长，是河湖长制推进重点工作的关键保证。面对沅江拦网和钓鱼平台问题整改与拆除任务，沅陵县成立了县主要领导挂帅的专项行动工作领导小组和专班，精心组织，高位推动工作，每周召开工作例会督促工作进展，必要时召开现场推进会，现场办公研究解决疑难问题，保证了各单位、各乡镇都能高度重视、全力配合，营造了社会上下共同发力、齐心治乱的良好氛围。如此高标准、强有力、严要求的组织领导，是河湖问题整改工作顺利开展的重要保证。

（三）抓住要点，始终瞄准目标前行

坚持摸清底数、排查到位的办法，是河湖长制攻坚难点工作的重要一环。沅陵县通过无人机拍摄与各级河

沅陵县陈家滩乡五强溪库区钓鱼平台拆除现场

沅陵县陈家滩乡五强溪库区拦网及钓鱼平台问题整改成效

湖长、巡河员实地勘测相结合的办法，面对辖区内河湖突出问题，坚持用脚步丈量河流，通过逐一细致的排查。确保了沅江每一条河流、每一处河岸都做到网箱和钓鱼平台问题排查无遗漏、全覆盖，为后续辖区其他河湖的突出问题清理和整改工作的顺利开展奠定了基础。

（四）创新机制，融合联动协力推进

兵马未动，粮草先行，物资保障是确保河湖问题整改这一重难点工作顺利开展的先决条件。沅陵县克服财政困难，优先保证"问题整改"用人用车和专用物资，共投入"问题整改"资金超过 2000 万元，人员近 300 人。这一切物力、人力、资金的支持，确保了沅陵县能够按照时间节点、保质保量完成沅江河湖"问题整改"工作任务。尤以创新出台《沅陵县河长制联合执法工作实施方案》，推行城乡联合执法，确保了网箱和钓鱼平台拆除整改工作扎实有效开展、取得明显成效。更为今后全县所有河湖突出问题整改提供了可复制和推广的成功经验。

（沅陵县河湖事务中心供稿，执笔人：谢友源、苏春生）

湖南省河湖长制 工作创新案例汇编

基层河湖管护

头雁起飞　群雁起舞

——湘潭市以示范乡镇创建为旗夯实河长制工作基础

【导语】

在市、县、乡各级河长办与民间河长办公室季度暗访等过程中河湖问题屡见不鲜，所需整治根源终究是在乡镇、在基层。要防止问题反复反弹，形成常态化河湖保护治理体系，还需着力促进河长制工作末端落实，方能实现河湖资源永续利用。

2022年，是中共二十大召开之年，是全面落实省、市党代会精神开局之年。为规范基层河长履职行为，提升基层河长制工作标准和效能，湘潭市以示范创建新手段，以推动乡级样板河建设、深化落实"一办两员"、强化宣传报道等举措，加强乡镇阵地和队伍建设，加大基层河湖管护治理力度，夯实基层河长制工作基础，深化落实河长制"最后一公里"。通过弘扬先进，以头雁效应带动群雁挥翅，有效改善全市68个乡镇人居环境，打造出生态样板和人文历史相融合的河长制示范乡镇，显著提升群众幸福感和获得感。

【主要做法及成效】

（一）纳入考核评价细则，压实示范责任之基

1. 列入年度考核评分细则

湘潭市河委会将示范创建列入《湘潭市2022年实施河长制工作要点》《2022年度湘潭市河长制工作评价办法》，以各县（市、区）河委会为考核对象，从河长履职、河长办工作、一河一策、乡镇阵地建设、河湖管护等5个考核方面抓牢河长制工作各项考核任务，并将结果纳入年度考核。各县（市、区）辖区内乡镇（街道）参加湘潭市河长制标准化示范乡镇（街道）创建活动且创建成功的每一个计入加分项0.5分。

2. 开展季度考核强化基层落实

根据《2022年湘潭市河长制工作季评比考核办法》，采取市对县、县对乡每季度进行评比，各县（市、区）从多角度加大示范建设考核力度，如湘潭县将河长制工作纳入全县绩效考核，占据总考核分值2分；湘乡市明确各乡镇（街道）每季度对各村、社区打分排名，并对年度河长制工作成效显著的乡镇（街道）给予通报表扬等。

3. 以月计分推进示范建设常态化

市、县两级按照"每周一进展、每月一计分"实时监督阵地建设和样板河打造进度，民间河长充分发挥"信息员、监督员、宣传员、清洁员"作用，以"民间河长"工作站为桥梁，通过建立日常巡河管护常态化机制，营造全民参与爱河好氛围。

（二）强化河长履职尽责，锤炼示范抓手之力

1. 举办基层河长工作培训

市、县、乡各级河长办按照市河长办印发的《河长履职手册》，对河长开展工作职责培训，提升河长效能，充分发挥河长抓手之力。《河长履职手册》明确各级河长巡河频次、履职方式及履职任务，作为基层河长在定期巡河中，结合新一轮"一河一策"组织开展专项治理行动，并协调和督促相关部门制定、实施相应河流管理保护和治理规划，解决重大问题；组织开展河湖整治，要以问题为导向，依规依法查处违法行为，确保河长履职实效；对本级相关部门（单位）和下一级河长履职情况进行督导，对年度任务完成情况进行考核；组织研究解决河湖管理和保护中的有关问题，要集思广益，责任上肩，确保完成上级河长及本级总河长交办的任务。

2. 开展河长述职工作

市河长办印发了《湘潭市河长制工作委员会办公室关于做好2022年度河长述职及履职评价的通知》，从三个方面部署落实2022年度河长述职：一是统筹工作安排，要求各地统一认识，明确河长述职工作的重要性及自身职责；二是明确工作责任，市、县、乡级河长办负责协助本级总河长向上级总河长述职和组织下级总河长向本级总河长述职；三是抓实工作成效，通过河长述职，检验出河长履职尽责情况，督促河湖突出问题解决和改善河湖面貌。

3. 开展河长履职评价工作

印发《湘潭市河长履职评价细则（试行）》，由各级河长根据对下级河长进行评价，对履职不力的河长依法依规追究相关责任，对主动担当履职尽责成绩突出的优秀河长按规定予以表彰或奖励。

（三）弘扬先进创优意识，指引示范潮流之针

1. 示范乡镇引领基层标杆

为推进示范乡镇创建，市河长办于2022年初下发了《关于开展2022年湘潭市河长制标准化示范乡镇（街道）创建活动的通知》，并针对基层乡镇工作力度和成效不平衡的问题，于2022年9月在全市范围内组织开展湘潭市2022年度"优秀河长"、标准化示范乡镇（含"美丽河湖"）、"最美河湖卫士"评选活动，且对创建成功的乡镇通报表扬并奖励15万元，以此促进河长、河湖卫士主动作为、担当尽责，加强部门协同联动，强化基层河长制阵地建设基础。全市共投入285万元乡镇阵地标准化建设并均已完成。2022年8月26日，湖南省河长制工作推进会在湘潭市召开，在湘潭县易俗河镇召开了乡镇阵地建设和样板河创建现场观摩会，全省河长制工作同仁参观了湘潭市乡级样板河及县、乡河长制阵地和民间河长工作站阵地建设等。随后，湘潭市各县（市、区）以易俗河镇为样板相继在辖区内开展阵地建设任务，并全部于2022年11月完成建设。

湘潭县易俗河镇阵地建设

各县（市、区）阵地建设

湘潭县排头乡三大举措为乡镇社会经济的发展提供安全保障：①建立河长制社会监督体系，创新河长制工作管理新模式。②开展河长制阵地建设，打造河长制文化宣传走廊。③着力打造生态样板河狮龙河，让百姓感受到生活福祉。湘乡市金石镇统筹投入约300万元从河堤护砌、岸坡绿化、亮化、河道内清淤疏通、常态化保洁等多个维度进行治理工程的建设。全镇共清理河段、恢复植被 8 千米；对水毁、淤塞等重点地段清淤 5 次；组织保洁员、志愿者清理河库陈年垃圾 20 余次，结合人居环境整治行动清除河库建筑垃圾、白色垃圾约 600 立方米，压实各级河长定期巡查责任，发现并成功处理问题 22 处，其中打击处理非法采洗砂及各类水事违法案件 28 起。

2. 示范样板筑牢幸福堡垒

市河长办下达《2022 年河长制工作真抓实干奖励资金计划》，市级共奖补资金 570 万元打造 27 条（段）乡级样板河湖、3 个"水美湘村"，实现"一年一河段""一乡一亮点"，各乡镇通过制定样板河湖建设方案，有条不紊地按计划实施，各级河长办定期督导，全市河湖面貌改观日益显著。锦石乡碧泉河美丽河湖项目，以"两点一线"为打造目标："两点"即碧泉潭"有本亭"周边，碧泉河与东干支渠交汇处小游园；"一线"为碧泉河自碧泉潭至杨家湾桥段河岸。该项目建设总长度约 4.8 千米，小游园节点面积 2430 平方米，碧泉潭节点面积 300 平方米。通过碧泉河"美丽河湖"项目的建设，重点解决了碧泉河杨家湾桥至碧泉潭段的绿化、亮化和美化的问题，同时也为锦石乡"碧泉潭现代农业示范园"的壮大进一步奠定了基础，积极推动全市基层河长制工作稳步提升。

3. 河湖卫士化身示范臂膀

湘潭县锦石乡河长严格执法检查，强化日常监管。共计开展河库巡查行动 25 次，自查环境问题 13 处，带队与支村两委、党员志愿者对河库周边环境进行清理整治，分级建立了问题台账，对发现的问题要求限期整改、限时销号，实现了动态清零的目标。通过积极宣传引导群众共同护河，共接受群众举报线索 5 条，经现场核实交办立行立改 4 条，其中 1 条涉及"醴娄高速"施工造成泥沙阻塞河道的情况，乡河委会对"醴娄高速"指挥部发交办联系函，责成指挥部制定方案、限期整改，目前该 5 条线索已经全部销号。霞城街道河长办河湖卫士赵高剑同志既是"河长制"的宣传者，也是"河长制"的践行者，始终奋斗在第一线。每天睁开眼的第一项工作就是认真细致地在辖区内河道、渠道、水塘区域进行管护巡查，用手机拍摄记录水域所存在的问题，同时组织河道保洁员一起对问题进行现场清理整治，并交流分析，并做成台账定期复查。

目前，全市各乡镇（街道）均能做到河湖卫士积极履职尽责、河长制基础资料齐全，阵地基础焕然一新，水质也得到显著提升，基层河长制工作基础进一步夯实。

【经验启示】

（一）各基层河长要提高政治站位认真对待河长制工作

立足绿水青山就是金山银山，良好的生态环境是增强人民群众幸福感的重要环节，切实增强做好河长制工作的责任感和使命感。

（二）各级河长办要借助考核指挥棒抓好示范创建工作

要按照上级工作要求，对照工作任务清单，针对 2021 年度工作存在的问题和短板，深入查找根源，制定工作方案，定期加强调度督促，提出切实可行的整改措施，确保创建工作落到实处。

（三）各级河长办要制定奖惩措施严格确保管护人员履职

以先进激励基层人员激情，以通报惩戒不作为、懒作为人员，积极带动群众共同护河、爱河，确保河长制工作取得实效。工作中要持续强化日常巡查工作，及时解决工作中出现的各类问题，保障河道环境卫生整洁，给人民群众营造良好水环境。

（湘潭市河长制工作委员会办公室服务中心供稿，执笔人：杨恺翔）

创建河流村级自护站　赋能全民管河新力量

——江永县探索河湖基层"共建共管"新路径

【导语】

如何打通基层河湖管护"最后一公里",江永县积极探索基层河湖管护模式,以严管理、重治理、兴科技、创特色为抓手,在全县基层试点推行河流"村级自护站",着重从河道巡查、问题处置、宣传塑造、示范引领等方面入手,以村委干部、党员军人、退休老人、乡贤能人、贫困村民、沿河居民等基层民间护河志愿者,组建4支日常巡查队伍,通过上级奖补和村规民约罚款资金,激励巡查队伍在河道保洁、"四乱"清理、溺水防范、电鱼网鱼及污水乱排整治等方面取得了良好效果,有效打通河湖管护"最后一公里",破解河湖管护末梢难题。

【主要做法及成效】

(一)"三个精准"构建护河新堡垒

坚持全面推行河流"村级自护站",构建完善的村级自护体系,引领村民"从护河到爱河"转变。

1. 精准队伍强堡垒

全县123个行政村成立河流"村级自护站","自护站"设在村委会,以村委干部为统领,通过协调党员军人支持支撑,鼓励退休老人发挥余热,引领创业能人出智出力,带动沿河村民参与监督,激励贫困村民增资创收,汇聚1530人,整合成村委干部"村级河长"、沿河村民"志愿河长"、退休老人"夕阳河长"、党员军人"红色河长"、创业能人"乡贤河长"、贫困村民"洁水河长""六类"民间河长,组建巡防队、志愿队、保洁队、护鱼队"四类"队伍486支,开展全天候分时分段巡查,确保全县河流水域管护全覆盖,实现治理为村民、治理靠村民、治理成果村民共享目标。

2. 精准明责增实效

坚持"按时间分工、按问题导向明责"原则，明确四类队伍按早中晚三个时间节点开展护河巡查，保洁队早上清理河道卫生，推进河道保洁日常化；巡防队中午、傍晚重要时段劝阻小孩私自下河洗澡，严守溺水防范安全底线；护鱼队晚上制止电鱼毒鱼行为，巩固水生态修复成果；志愿队在自家门口实时巡查，及时监督河湖"四乱"、污水直排等行为。自护队各司其职，恪尽其责，推动护河工作有序化。2022年，自护队提供有效信息1036个，大部分问题在萌芽状态得到了很好的处置，少部分重难点问题，由县级河长协调解决，职能部门清理整治"四乱"问题63个，妨碍行洪问题8个，清理农村沟渠16千米，形成了"河湖时时有人督、问题件件有人管"的良好局面。

3. 精准施策保长效

为实现"自护站"运行常态、长效，县、乡河长办协助村委会在健全村民自治制度，完善乡村自治机制，提升村民自我管理、自我服务、自我教育、自我监督的水平，优化乡村服务格局等方面发力，下发"自护站"建设指导性文件，制定《江永县河流"村级自护站"建设方案》，规范护河队人员的选拔标准与流程、明确队员的权利与义务、确定各护河队伍的工作内容与要求；出台《江永县河流"村级自护站"工作管理制度》《江永县河流"村级自护站"工作考评制度》《江永县河流"村级自护站"队伍知识技能培训制度》，明确护河队伍工作管理，制定评优考核办法，确定培训管理内容与频次，提升护河队员技能水平；各村结合乡村振兴、法律援助下乡机制，在法律专家的指导下，依法依规制定村规民约护河"十不准"，以村规民约护河"十不准"为依据，借助"一河一警长"的力量，对标对表进行违约罚款，有效遏制"乱倒垃圾、乱占河道、乱排污水、乱取砂石、电鱼毒鱼"等行为。同时，自护站积极推进1个微信群、1张聘书、1个标识牌、1份自律书、1本巡查日记等"五个一"日常工作机制，建立乡村两委、乡镇政府等在内的监督体系，对自治组织实施全过程、全事务、全成果监督，做到奖罚清晰、准确、公开，利于村民理解，便于村民监督，实现"自护站"管理制度化、工作规范化，确保"自护站"运行常态化、成效持久化。

（二）"三项评比"增强护河驱动力

坚持以"先进"为引领，推动全民积极参与护河爱水行动。

村级"河流自护站"

1. 评选优秀护河队，激发全民护河大动能

推行"月月评选"机制，每月综合巡查时间、问题处置等履职情况评选出一支优秀护河队。同时，积极拓宽激励资金筹措渠道，鼓励乡镇拿出每年20%的保洁经费和河长制工作经费，结合村规民约罚款资金，奖励优秀自护队，极大地提高了"自护队"队员的护河积极性。2022年，县政府将每年348万元的河道保洁经费和乡镇河长制工作经费纳入县财政预算，平均各村发放资金约3万元，实现河道保洁常态化、全覆盖。同时，通过奖励资金的发放，解决了部分贫困人员年均收入3000余元，推动"人居环境保护与乡村振兴"两驾马车并驾齐驱。

2. 参评优秀民风奖，增强全民护河大力量

坚持将"护河能手"纳入"最美村民""好媳妇好婆婆""孝子贤孙"等精神文明评选活动内容，重拾乡村文明道德新风尚，形成"保护环境人人有责、好人好事争着做"的良好社会风尚，共同呵护这片美丽净土，让每一个走进江永的人都能"望得见山、看得见水、记得住乡愁"。

3. 参与全县大表彰，增强村民自治大荣誉

坚持将河流"村级自护站"纳入全县河长制工作年度表彰内容，全县123个河流"村级自护站"，按照30%的比例在全县进行表彰，表彰名单由各乡镇推送，实现河流"村级自护站"有地位、有效果。

（三）"三个同台"构筑河流立体防护网

坚持推进"智慧"信息化管河，构建"空地立体化"巡河体系，织密"巡、查、管、治"防护网。

"自护站"组织清淤

1. 与无人机护河同巡查

乡级河长利用无人机与自护队巡查相结合，织密"空地巡查"一张网，目前乡镇配备无人机 10 台，利用无人机巡河每年时长达到 10000 余小时。

2. 与智慧河长管理同平台

为深化河湖管理举措，推进智慧河湖管理建设，县财政投资 300 万元，建立江永县智慧河长管理平台，在主要河流安装高清摄像头、水质检测、水位监测、警示喇叭等设施，实现 24 小时智慧管河，结合河长及自护队巡查，撑起了"人防与技防"防护网。

3. 河湖问题同处理

自护队坚持将重难点问题上传到县智慧河长管理平台，借助县、乡级河长护河力量，推动河湖突出问题解决，截至目前，已上传问题 65 个，问题全部处理到位。

（四）"三大宣传"凝聚护河大意识

坚持"面向全民、广泛参与、注重实效"的宣传原则，从思想意识上凝聚全民护河大意识，加快养成全民爱河护水自觉行为。

"自护站"队员巡河

1. 活动宣传作示范，引领全民护河大行动

以"凝心聚魂"为主线，把握群众大会、屋场会议召开的机会，持续科普河长制知识。联合"河小青""民间河长"，在重要节点开展护河宣传活动 530 余场次，潜移默化提升全民护河大意识。

2. 张榜公布选优秀，推动比学赶超护河新局面

坚持在村务宣传栏光荣榜上每月公布"优秀护河队""护河能手"，着重标榜获得市县荣誉的"优秀护河队""护河能手"，村委干部坚持走村串户亲手奉上荣誉证书，推动全民争做"榜上有名"的护河优秀模范。

3. 媒体宣传树典型，讲好护河新故事

鼓励各村因地制宜打造特色亮点，邑口村将河流"村级自护站"与美丽乡村建设同台推进，获评"湖南乡村振兴 2021 年十大优秀案例典型村"；粗石江社区将护河队纳入村规民风评比活动，获评"永州市清廉乡村示范村"；凤凰社区推行河流"村级自护站＋一村一警长"机制，共同打击非法行为等。创新河流"村级自护站"建设的典型经验，也被河湖长制工作部际联席会议办公室工作简报和《中国水利报》推介、报道。

创新推行河流"村级自护站"以来，全县各村把护河工作与乡村振兴工作放在同等位置，坚持"同研究、同安排、同考评"原则，推进美丽河湖建设与乡村振兴建设融合发展，着力建设粗石江社区"党建＋河长制主题公园"、凤凰社区"河长制文化主题公园"、女书园"湿地公园"、源口社区"河长制文化长廊"、新潮村"水美乡村"、邑口村"样板河"等项目，打造了一批"水清、河畅、岸绿、景美、人和"的幸福河湖。全县 2 条主要河流河段获评"湖南省美丽河湖"，出境断面水质、水源地水质、地表水水质达标率 100%，水质优良率连续 5 年在永州市排名第一。

江永县将进一步营造全民护河氛围，完善"智慧河长"管理平台，开发全民护河新程序，将问题处置及纪委监督功能模块嵌入智慧河湖管理平台，通过无人机巡河信息和"自护站"护河信息，推动"治河"向"智河"转变，"公管"与"自护"同台，逐步实现"云里巡、网上管、全民护、纪委督"的管水新格局。

放眼江永，两岸青山对峙，绿树层叠滴翠，抬头奇峰遮天，脚下清流潺潺，白鹭鸳鸯戏水，河中鱼游浅底，风清气爽正弥漫乡村遍野，一幅大美河山的新画卷在江永大地徐徐展开。

【经验启示】

（一）全民参与共治，打通基层河湖管护"最后一公里"

河流治理是各级党委和政府河长制工作的重点，不仅需要各级党委高度重视，同时也需要全民参与，自觉维护。河流"村级自护站"是引导群众参与到爱河护河行动的桥梁，有力提升了河湖村级管护能力和水平，通过全民参与共治，进一步打通河湖村级管护"最后一公里"。

（二）完善工作机制，确保高效运行、可持续发展

良好的工作机制对组织的运行和发展至关重要，是提高工作效率、优化组织协作、强化风险控制、提升组织创新力、实现更好的治理和管理、推动组织可持续发展的关键。为推动河流"村级自护站"可持续化发展，各村镇要加强工作调研，摸细工作落实情况，积

极反馈工作开展中所遇到的困难，及时完善工作机制缺陷，不断完善河流"村级自护站"工作机制，推动河流治理工作常态化。

（三）加强宣传教育，凝聚社会各界爱河护河强大合力

生态文明建设，人人都是推动者、见证者、受益者，实行河流的综合治理，必须充分发挥人民群众的力量和作用。坚持"面向全民、广泛参与、注重实效"的宣传原则，依托河流"村级自护站"，开展活动宣传示范，引领全民参与，张榜公布选优秀，推动比学赶超，媒体宣传树典型，讲好护河故事。从思想意识上凝聚全民护河大意识，把公众从旁观者变成环境治理的参与者、监督者，形成了"政府主导、群众参与"的工作格局和"人人关心河道、珍惜河道、保护河道、美化河道"的强大合力，使昔日"溪水细流"之景、人民宜居的"幸福河流"重现。

（江永县河长制工作委员会办公室供稿，执笔人：刘龙君）

湖南省河湖长制 工作创新案例汇编

智慧河湖建设

"臭水沟"变身"金腰带"

——从圭塘河智慧水务看城市内河治理新模式

【导语】

圭塘河发源于石燕湖，是长沙市雨花区的母亲河，也是长沙市最长的内城河，系浏阳河一级支流，贯穿长沙市东南北。伴随长沙城市化进程加快，圭塘河周边的污染源日益增多，加上圭塘河流量小、自净能力差等问题，导致圭塘河重金属严重超标，水体富营养化，河岸沿线生态环境不断恶化，之前的圭塘河成了穿流城市中心的一条臭水沟，严重影响着周边市民的生活环境品质。2016年，圭塘河被列入全国城市黑臭水体名录。2017年被环保部、住房和城乡建设部联合挂牌督办。

为开展圭塘河流域综合治理工作，从1999年开始，先后投入了80余亿元将圭塘河分为六段进行治理，用于截污治污、拆违控违、绿化美化建设。同时，项目引进德国汉诺威水协专家规划、中建五局PPP总承包、长沙市规划勘测设计研究院设计，以城市"双修"（生态修复、城市修补）和海绵城市治理理念进行改造，构建智慧水务平台，自动化控制系统实现了"少人值守"。

通过黑臭水体整治，打造了环境整洁优美、水清岸绿的生态宜居新环境。圭塘河综合治理的成效日趋显现，成为市民幸福休闲生活新去处，海绵城市的建设使该片区更加生态宜居。项目已经成为向市民展示生态绿心和长沙市生态文明的示范窗口，也为其他城市黑臭水体改造提供了实施经验和参考案例。

【主要做法及成效】

近年来，雨花区积极探索创新治河模式，举全区之力推动圭塘河流域综合治理工作，水质从劣V类到基本稳定达到地表III类水标准，流域治理取得阶段性成效。

（一）创新治理方式

为开展圭塘河流域综合治理工作，雨花区先后投入80余亿元，用于截污治污、拆违控违、绿化美化建设等。并提出了雨花区自己独特的"6+"治河模式，即理念创新——系统治理＋精准治污；体制创新——九龙治水＋一龙统筹；机制创新——政府河长＋民间河长；模式创新——生态整治＋产业融合；技术创新——中国智慧＋德国技术；投融资创新——平台融资＋市场化运作。

（二）打造示范工程

在治河的同时引进了德国汉诺威水协专家为顾问，以城市"双修"和海绵城市理念进行改造，并打造长沙首个政府和社会资本合作的海绵城市建设示范公园项目——圭塘河井塘段海绵示范公园项目。该项目位于圭塘河中下游，位于香樟路以北，劳动路以南，万家丽路以西，景观路以东合围区域，总用地面积约33公顷。其建设内容包括建设地下排水管网、地下调蓄池、生态滤池、人工湖、景观绿化及改造入河排口，运用屋顶花园和小海绵蓄、滞、净、排技术，有效确保河道补给水质达标。

圭塘河井塘段海绵示范公园

（三）实现智慧互联

在圭塘河井塘段海绵示范公园项目中，按照海绵城市理念开展流域治理生态修复和城市修补工作，主要是通过建设透水地面、雨水花园、植被缓冲带、绿色屋顶、下沉式植草沟等，采用渗、滞、蓄、净、用、排等各类地下构筑物和设备，将流域范围内降水就地消纳和利用。而建设项目中"智慧水务"项目采用物联网、移动互联网、机电一体化、大数据、智能算法等新技术，使各个构筑物、设备和仪表之间实现有效连接，再通过水力模型、降水模型以及智能控制模型来达到智慧互联。最后通过"智慧水务"平台，实现"智能识别水质并分而治之"的综合管控功能，灵活调度各个区域的排水管网和调蓄池，实现"联排联调"。例如，在降水的时候，"智慧水务"平台会通过其感知层和信息层进行预判。

收到降水信号后，"智慧水务"会提前清空调蓄池。当感知层感应到上游的水位与流量增加时，"智慧水务"平台会发出预警，同时按照设定好的程序进行联排联调，让各个地下调蓄池最大化地储存上游污水，同时尽可能地减少往河里排放的污染物。

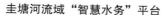

圭塘河流域"智慧水务"平台

数字化控制中心

（四）发挥系统优势

圭塘河流域智慧水务平台主要包括远程控制、视频监控、预报警系统、数字化管理系统及数据可视化系统。其中远程控制主要是运用互联网技术，建立"智能运管中心"，实现远程对圭塘河整体运行调度、在线监测、闸口开关控制、数据存储与分析、设备点检与故障诊断等，并可实现移动终端监控；视频监控是通过视频平台，实现云台控制、录像回放、视频上墙、智能应用等功能，支持实时预览、多窗口预览、本地录像等；预报警系统是根据设备运行状态、水位状态等提前预警、报警，建立安全预警系统，定期对闸门进行启停测试，保障应急启动时能正常运行；数字化管理系统可实现无纸化办公、云办公、数字化服务与调度，数据报表高生成效率；数据可视化系统通过大屏幕展示数据、设备实时状态，实现高效指挥与调度、预警报警的及时处理。"智慧水务"平台的成功搭建，帮助该项目日常运行完全采用自动化控制系统进行控制，实现了"无人值班、少人值守"，同时使得海绵城市理念清晰直观可视化，项目建成的数字化控制中心已经成为圭塘河综合治理工程向大众展示"海绵城市"与"智慧水务"的窗口。

圭塘河井塘段海绵示范公园通过水体治理、生态功能恢复、水资源利用、水土流失防治等措施，打造了圭塘河两岸城市绿洲，增强了片区水生态系统稳定性和水环境承载能力，绘就了一幅"人与水、水与城"和谐共生的画卷，实现了生态效益、社会效益、经济效益相统一。

1. 生态效益

通过退城还河，增加了近80%的调蓄空间和行洪断面，达到河道行洪削峰效果，满足百年一遇行洪标准；建设地下排水管网约2.9千米，地下调蓄池约1.6万立方米、生态滤池及人工湖约 2 万平方米、透水铺装约 4.1 万平方米、景观绿化约 19.34 公顷，改造入河排口 11 座，运用屋顶花园和小海绵蓄、滞、净、排技术，有效确保河道补给水质达标。第三方水质检测单位对河道水质监测的成果显示，工程段入河水质已稳定保持在地表Ⅲ类水标准。

2. 社会效益

牺牲更多的商业空间，建设城市滨水公园，为周边市民提供了生态舒适的游玩、休憩场所，构建出一幅美丽的人水和谐画面；以城市滨水绿地公园为媒介，对公众开展生态环保宣教和主题文化活动，引导并促进公众形成知水、爱水、守护生态环境的社会新风尚；少量的公园街区充分融入人文展示、非遗传承、亲子娱乐等多重元素，培育新型业态，挖掘城市绿地公园服务属性，构建了全新的城市公园生活中心，为居民提供了优美的人居环境。

圭塘河畔露营节

3. 经济效益

该项目的经济效益主要是公益性效益，包括防洪减灾效益、旅游效益、文化效益以及节约治污成本效益，并提高了就业率。项目建设期 3 年，建设总投资约 14.5 亿元，建筑安装工程费约 10.3 亿元。据测算，项目 15 年运营期使用者付费经营性项目累计净收益约为 2.7 亿元。通过采用 PPP 模式，成功撬动社会资本参与到基础设施建设中，实现政府和社会资本双赢。另外，项目的建成在提升区域产业结构，增加环境承载力，提高土地价值，支撑和保障区域内国民经济可持续发展起到了明显作用。

【经验启示】

（一）坚持以人为本

"智慧水务"在发展过程中，必须要明确其在信息时代特有的价值与意义。其以社会公众为基础核心，将移动终端以及互联网技术进行充分融合，在一些突发性的水务事件管理、水务结构设置中发挥积极作用，在实践中提升了各项水务工作质量和水务服务水平。

（二）加强信息共享

"智慧水务"系统其多为基础性的支撑系统、数据融合分析系统、业务平台等，这些单个的业务系统并不是智慧型的水务管理系统。因此，在今后的发展中必须对其进行系统整合处理，通过统一的规划处理、分布的实施开展、合理的资源利用，加强资源信息数据的共享，才可以凸显整个"智慧水务"的效果。

（三）整合平台资源

"智慧水务"在今后的发展中，必须基于互联网技术，将分布在不同位置的传感器以及智能化设备进行系统整合，通过云计算技术对各项水务信息进行系统的监控处理，强化信息收集并深入挖掘，实现智能化发展，而且需要更快更新的迭代和升级。

（长沙市雨花国有资产经营集团有限公司、雨花区河长制工作事务中心供稿，执笔人：杨海、钱磊）

智慧河湖助力联合执法

——衡山县规范河道采砂管理的探索与实践

【导语】

衡山县主要河流共 64 条，总长 585.60 千米，湘江、涓水穿境而过，是湖南省水域治理与保护的重要地区之一。湘江干流流经衡山县境内长达 64.58 千米，砂石资源丰富，属衡山、衡东两县共管，以前盗采、越界开采等违法现象较多。特别是湘江鳌洲段盗采砂石现象频发。

盗采者利用自卸运输船改造的吸砂船，白天停泊在几千米外的湘潭、株洲等地河段，深夜潜入鳌洲段进行疯狂盗采，黎明之前离开，由于盗采船机动灵活、准备时间短、作业噪声小、吸砂速度快、隐蔽性强，因此难以被及时发现。加之地处衡阳市衡山县、衡东县，湘潭市湘潭县，株洲市渌口区三市四县（区）交界之地，执法监管难度大。

【主要做法及成效】

2018 年 2 月，衡山县成立河道管理联合执法大队，从水利、公安、环保、国土、海事、畜牧等部门抽调 30 人，实行"七统一"执法模式，协调河流周边县市开展联合执法，组织与衡东县联合执法 22 次，完善交界河道采砂管理，加强区域联防联治，严格执法，湘江衡山段管理日趋规范，基本杜绝了非法盗采砂石案件。2022 年建成湘江鳌洲采区电子围栏及河道采砂智能监控系统、防汛监控系统、智慧渔政系统，对湘江的重点水域进行全面、全流程、全天候监控；落实对鳌洲采区"采、运、销"三环节和"作业单位、船舶机具、堆砂场地"三要素日常全过程监管，采砂期间没有一起群众投诉。

（一）强化保障，严厉打击非法采砂行为

县政府发布了《关于加强河湖管理依法整治涉河湖违法行为的通告》，利用网络进行宣传和电视台滚动播放，县财政每年预算河道执法专项经费 150 万元，并于 2018 年 2 月，成立河道管理联合执法大队，从水利、公安、环保、国土、海事、畜牧等部门抽调30人，其中常驻水利局24人，即衡山县水政监察大队12人，公安局派驻水利局警务室12人，还聘请法律顾问1人。实行统一执法队伍、统一考勤考核、统一执法基地、统一执法装备、统一现场执法、统一处罚标准、统一经费保障的"七统一"执法模式，配备执法公务船3

2023年11月17日，衡山县公安局驻水利局警务室、水政监察大队和衡东县水政监察大队联合执法巡查

艘，执法车1台，摄像机3台，测距仪1台，执法记录仪7台。24小时值班，快速反应，联合执法。

2018年以来，县水利局水政监察大队采取蹲点值守、日夜巡查、突击行动等方式，组织与衡东县联合执法22次，移送公安机关案件2起，刑拘非法采砂人员1人。打击在湘江萱洲湿地公园范围内的越界开采行为5次，立案查处各类水事违法案件41起，查获非法采（运）砂船31艘，上缴罚没收入近120万元，保持了对非法采砂的高压严打态势，河道采砂管理取得明显成效。湘江沿线19处砂场通过整合、取缔、规范等措施，基本整治到位，全线只保留2处砂场并规范建设。

（二）多方聚力，精准建设智慧河湖

湘江衡山长江镇鳌洲段地处衡阳市衡山县、衡东县，湘潭市湘潭县，株洲市渌口区三市四县（区）交界之地，采砂船盗采现象较多，执法监管难度大。为彻底改变这一状况，2019年县财政投资50多万元在湘江鳌洲段建设了一套采砂自动监控系统，系统带红外摄像头，即使深夜、雨天、雾天都能识别船只，在鳌洲禁采区停留超过3分钟的采砂船、运输船都会自动识别并用短信通知到手机端。监控能通过手机、电脑等终端实时监测。2022年，为加强河道管理、规范采砂秩序、维护社会稳定，平稳、有序地完成2022年鳌洲采区采砂任务，衡山县建设了一套结合采砂行业特点、依托科技信息化手段、对采砂

2018年衡山县水利局扣押的湘江非法采砂船只

2019 年湘江鳌洲段河道自动监控系统

全过程可进行精准监控、具有长效机制的采砂智能监控系统及鳌洲采区电子围栏，鳌洲监控也接入了新建的采砂智能监控系统，成为系统的一部分。

通过在许可的每艘采砂船上安装采砂船控制器、采砂传感器和红外摄像机等信息化设备，实现对采砂船、采砂区域、采砂时间等方面的监管。在每个重点河段岸边安装违法盗采控制器、声音传感器和远距离夜视摄像机等信息化设备，对重点河段进行实时监测，自动发现违法盗采行为，连同盗采区域信息形成违法盗采告警记录，并进行声光报警。同时建成防汛监控系统、智慧渔政系统，安装 37 处高清摄像头，对辖区内的重点水域进行全面、全流程、全天候监控，实现常态化打击湘江非法捕捞，落实对砂石"采、运、销"三环节和"作业单位、船舶机具、堆砂场地"三要素日常全过程监管。

（三）分工合作，严格规范河道采砂

湘江衡山县河段鳌洲下采区河道砂石开采统一经营管理按照"政府主导、部门监管、公司经营"的体制进行。县人民政府是河道采砂日常管理责任主体，成立以县长为组长，常务副县长、主管副县长为副组长，水利、自然资源、生态环境、交通运输、农业农村、林业、公安、财政、税务等相关部门负责人为成员的领导小组，加强对河道砂石开采统一经营管理工作的领导，明确各部门工作职责，并做好河道采砂监督管理工作。

湘江衡山县河段鳌洲下采区实行河道砂石开采统一经营管理，授权衡山县国有企业——衡山县城市和农村建设投资有限公司（以下简称"城投公司"）从事砂石开采、统一经营管理。

开采前，组织召开沿河乡镇、村组座谈会，宣传政策，倾听群众声音；公示采砂范围、期限、作业时段（7—19 时）等内容。同时通过公开招投标的方式确定采、运砂船舶。

河道采砂期间（2022 年 9 月 26 日至 12 月 31 日），共有两艘采砂船作业，城投公司、县水利局、县交通运输局三方各派一名旁站监管员跟船作业，共同在砂石采用管理单上签字，严格落实"六控"措施（控总量、控范围、控深度、控时段、控船数、控功率），城投公司在采砂现场成立工作站，组织采砂生产经营；负责采、运砂船舶准入、签订采挖合同，开展运砂船舶的量方登记工作；落实签单发航和水上交通安全各项制度；逐船建立生产台账、逐日统计开采量；科学制定砂石销售模式，合理确定砂石销售价格和采砂成本；根据县水利部门开具的"河道砂石采运凭单"，按照砂石销售价格每周五前足额向县税务部门缴纳河道砂石经营收益。

鳌洲下采区批复控制总量 52 万吨，实际开采量 46 万吨。采砂期结束后，城投公司及时清理了河道砂石尾堆及河道管理范围内的其他障碍物。

通过建立组建联合执法队伍，区域、部门协调联动，采用视频实时监控，严格执法，综合措施整治，湘江衡山段管理日趋规范，沿线砂场全部取缔到位，"乱采"问题基本杜绝；侵占河道滩涂、乱堆乱放砂石的河岸砂场全部整治、整改到位；特别是鳌洲下采区采砂期间，没有一起群众投诉，取得了良好的经济和生态效果，国家一级保护动物白鹤，

2019 年湘江衡山段临时停泊区

2022 年河道砂石采区设置电子围栏

国家二级保护动物小天鹅、中华秋沙鸭、鸳鸯、白琵鹭等众多国家重点保护鸟类在湘江河畔的萱洲国家湿地公园栖息越冬。

【经验启示】

（一）各级河长履职是基础

县级河长亲自调度河道采砂，部门工作配合，乡村河长给予河道管理强力的支持。同时每年财政给予全力保障，河道管理工作有了全方位保障。

（二）依法治水是关键

河道管理要依法，县政府发布《关于加强河湖管理依法整治涉河湖违法行为的通告》，县水利局聘请专业律师作为法律顾问，确保执法程序合法。县水利局执法队员熟悉相关法律法规，能熟练运用法律武器开展工作，确保了工作的成效。成立河道管理联合执法大队，安排足够的专项工作经费预算，配备充足的执法装备，确保打击涉河违法行为的力度和效果。河道管理者、执法者的责任心是搞好工作的关键。县水利局水政监察大队队员不管白天黑夜、不管工作日节假日、随叫随到、24 小时待命，没有加班补助，冒着生命危险，

以高度的责任感投入打击非法采砂工作中，才换来了河道的安宁。

（三）智慧河湖是保障

建设河道采砂自动监控系统，实现手机、电脑等终端实时监测，织成"天网"，让违法行为无可遁形，使盗采船只不敢进入河流，是杜绝非法采砂的有效措施，也是落实采砂"六控"措施的保障。

（衡山县水利局供稿，执笔人：罗光辉、旷学礼、周红峰）

湖南省河湖长制 工作创新案例汇编

公众参与

碧水上的"红飘带"

——娄底市创建"碧水支部"强化基层河湖管护

【导语】

娄底市地处湘中，辖区内河网密布、水系纵横，有"资江、涟水、孙水、侧水"等大小河流519条，水库741座。近年来，全市将支部建立到最小河湖管理单元，充分发挥"碧水支部"战斗堡垒作用，推动基层河湖管护走深走实。2022年至今，共解决基层河湖"脏、乱、差"等难题1311个，有效保障了辖区河流"河畅、水清、岸绿、景美"。

【主要做法及成效】

（一）搭平台，构建基层党建"共治圈"，小支部显大担当

通过完善体制机制，变基层河长"单兵作战"为"集团作战"，有效解决辖区河流多、里程长、分布广所带来的基层河流管护难题。

涟水涟源市渡头塘镇碧水支部屋场会宣传习近平生态文明思想

1. 建立三级巡河体系

2022年，全市在市、县、乡、村四级河长全覆盖基础上，以河流为经线，以沿河乡镇边界为纬线，分段设立"碧水支部"，由乡镇河流党员河长担任支部书记，在村一级设立巡河护河党小组和党员巡河护河示范岗，构建"党支部＋党小组＋党员"三级巡河护河体系，做到"河长吹哨，党员报到"。全市115条河流，共设立249个"碧水支部"，划分1167个党小组，有7138名党员参与，设立党员示范岗862个。

2. 健全四项管理制度

建立"碧水支部"包片责任、议事决策、问题清单、评先评优4项制度，明确"碧水支部"、党小组、党员三级责任。同时，把乡镇河长制工作融入"碧水支部"建设，以"碧水支部"星级创建为抓手，示范带动基层河长制落实落细。

3. 落实六项常态活动

按照"一切工作到支部"的工作要求，通过制订支部学习培训、巡河巡查、问题整治、环境保护、环保宣传、文明劝导等"六个一"任务清单，将巡河护河融入支部常态化、规范化、制度化的组织生活。2023年6月28日，资江新化县琅塘镇碧水支部组织329名镇村干部、党员、"琅塘星"志愿者，对资江琅塘段等河流水库开展水域垃圾清理。

（二）促联合，打造同频共振"共同体"，小支部做大文章

坚持做好"联"字文章，通过"党建＋河长制"凝聚强大合力。

1. 上下联动

13名市级河长联点13条河流和13个"碧水支部"，市级河长把"碧水支部"建设作为巡河调研的重要内容，基层党员深度参与"流域划分＋属地管理""政府主导＋社会协同"的河长制网格化管理，对河湖管理过程中的矛盾纠纷，采取"碧水支部"牵头、业务部门主抓、党员带头参与的联合调解机制，实现上下贯通、层层负责、高效落实。2022年，在拆除涟水历史违建矮围、侧水历史违建房屋等案例中，"碧水支部"及时妥善处理了大量工作扯皮、群众阻拦等困难矛盾，有力推动了工作进展与成效。全年配合水利部门核实排查问题图斑1219处，整治销号农村河道"四乱"问题378个。

大洋江新化县上梅街道"碧水支部"在大洋江龙爪塘大桥段开展"守护母亲河"净滩行动

2. 支部联建

35 个市级河委会成员单位机关党支部各展所长、各尽所能，对口帮扶"碧水支部"开展河流管护工作。积极筹措资金，大力开展河堤修复、清淤疏浚等活动，稳步改善水生态环境。如市县对口联建单位协调涟水双峰县杏子铺镇"碧水支部"解决资金 6000 余万元，在涟水河江口、石塘埫等地段进行河堤修复，在水府庙水库和涟水河流域开展网箱取缔、

拦库退养、钓鱼船拆除、僵尸船拆解、畜禽粪污治理、农业面源污染防治等专项整治，当地水环境、水生态得到明显改善。

3. 部门联治

夯实"河长+部门"工作体系，建立"碧水支部"河湖问题发现、报告、处置及责任清单，利用"卫片图斑+无人机航拍+视频监控"等技术手段，加大河湖问题发现力度，部门配合抓好

全国首个"生态日"，娄底市水利局到孙水河娄星区大科街道开展"碧水支部"联建巡河净滩行动

问题整治，全力提升河湖管护效能。强化"碧水支部"与"五长共治"的同频共振，市、县两级有关部门与"碧水支部"开展联建共管，协同作战。2022 年，配合市、县两级纪委监委追责问责 13 人，公益诉讼立案 50 件、制发检察建议 48 份。"碧水支部"累计巡查千吨万人以上集中供水工程水源地、取水口、排污口 4000 余次，组织重要饮用水水源地和供水工程取水口附近丝草、水华清理打捞 200 余次。

（三）强引导，画出党群合力"同心圆"，小支部有大作为

贯彻"哪里有任务，哪里就有党组织；哪里有党员，哪里就有党的工作"的工作理念，全面发挥党员在河长制工作的示范引领作用。

1. 带头悟思想

娄底市委理论学习中心组带头学习习近平生态文明思想和河长制相关内容，将习近平生态文明思想和河长制工作纳入各级党委中心组学习和各级党校主体班培训内容，增强党员领导干部巡河护河的政治责任。市、县两级组织部门、河长办跟踪指导、常态督导，水利部门加强行业帮促，把"碧水支部"建设作为政治建设考核、河长制工作考核内容，作为支部和党员评先评优、年度考核的重要指标，营造比学赶超浓厚氛围。

2. 带头强示范

组建"我是河小青"党员志愿服务队、防汛抗旱巡河突击队，联合团市委组建12支"河小青"队伍，组织"河小青""净滩"行动147次、清理河道垃圾1700余吨。聘请退休领导、乡贤耆老等思想好、素质佳、威望高的老党员担任"党员护河员"，协助开展巡河护河活动。通过党员带头找问题、领任务，激发全民参与保护"母亲河"积极性、主动性、自觉性。2023年，仅涟源市36个"碧水支部"，445名党员就带动志愿者3500余人次参与爱河护河。现如今，基层党员参与巡河巡查、问题整治、环境保护、环保宣传、文明劝导已成常态，社会公众参与水环境保护的积极性得到充分激发。

3. 带头抓落实

将河流划分为若干段，设置责任党员信息公示牌。将治水护河行动作为巩固拓展党史学习教育的实践课堂，把支部主题党日活动开到河边，让"守护幸福河流"成为常态化党建主题，让河流管护工作更好地保障民生、服务民生、改善民生。2023年，涟水河涟源市石马山街道"碧水支部"发动群众组织开展净滩行动，清理城市居民利用河滩种菜面积3余亩，解决了长期利用河滩种菜的焦点、堵点问题。孙水河涟源市杨市镇"碧水支部"针对孙水河杨市镇段河流多、下雨后漂浮物多的现状，多次开展专项行动，分段包干负责，并组织各支流段党小组设置拦污索，有效解决县（市、区）交界断面漂浮物由上游无序排放到下游的"老大难"问题。

【经验启示】

（一）强化组织保障，提升基层治水机制效能

"碧水支部"作为党建引领基层治水管水的功能性党支部，完善工作机制是发挥支部战斗堡垒作用的关键。娄底市通过"把支部建在河上，实现碧水常流"，建立"碧水支部"包片责任、议事决策、问题清单、评先评优4项制度，明确"碧水支部"、党小组、党员三级责任。同时，把乡镇河长制工作融入"碧水支部"建设，以"碧水支部"星级创建为抓手，示范带动基层河长制工作落实落细。

（二）实现同频共振，凝聚基层治水强大合力

"碧水支部"依托乡镇党组织建立，具有贴近基层、监管及时的天然优势。但也同时存在保障不足、面对重大难点问题应对力量不够的劣势。娄底市通过建立上下联动、支部联建、部门联治、党员联护、党群联心的"五联共建"机制，实现了"碧水支部"与"五长"及各部门之间的联建共管、协同作战，打造了"党建＋河长制"同频共振的"共同体"，以"碧水支部"为基础凝聚起了齐抓共管的强大合力。

（三）强化教育引导，搭建群众参与爱水护水桥梁

生态文明建设需要人人参与，河长制工作的落实更依赖群众力量。"碧水支部"建于基层，更能深入基层，通过学习宣传习近平生态文明思想，聘请退休领导、乡贤耆老等思想好、素质佳、威望高的老党员担任"党员护河员"，并通过党员带头参与巡河巡查、问题整治、环境保护、环保宣传、文明劝导，全面激发了全民参与保护"母亲河"的积极性、主动性和自觉性。

（娄底市河长制委员会办公室供稿，执笔人：李智斌）

让群众为管水护水"唱主角"

——株洲市天元区掀起"河我一起"全民治水热潮

【导语】

河湖治理虽艰"难",长效管护也不"易"。株洲市天元区水系较发达,辖区内有湘江干流 48 千米,大小支流 60 条,水库 25 座,山坪塘 5200 余口,河流分布较广,河湖管理保护任务重。前期,天元区通过开展河湖"清四乱"、黑臭水体整治、水美湘村等专项行动,河湖治理取得了一定成效,但依然面临河道保洁问题频发、岸线突出问题反弹、小微河道治理难以维系、水环境得不到长期有效保障等问题。

河湖治理非一日之功,既要治本治源,又要兴水美水,迫切需要一套行之有效的机制来管护。天元区秉承着"一切为了群众、一切依靠群众"思想,组建"河长助手"队伍,设立志愿者联络办公室,开创"河我一起"志愿专栏,搭起全民护水桥梁,让广大群众成为水环境管护的主力军,与群众共享共治,全面推进生态文明建设,建设人水和谐幸福城。2018—2022 年,万丰湖晋级为"国家水利风景区",湘江河西风光带、杨柳湖成为全省"美丽河湖"。

【主要做法及成效】

(一)培育绿色理念,建立志愿护河队伍

天元区整合群众参与治水力量,拧成一捆绳,有组织、有计划地开展护河行动。

1. 成立一支民间护河队伍

以湘江天元段为阵地,以乡镇(街道)为单元,发布"河长助手"召集令,分区域分行业招募 20 名常驻"河长助手",牵头组织开展志愿活动,为河湖管理助力。

2. 建立一个服务阵地

天元区挂牌成立河长制志愿者联络办公室,制定《天元区河长制志愿者联络办公室章程》《天元区河长助手管理办法》,规范河长助手活动,充分发挥其在河湖管护工作中主

力作用。

3. 组建"河长助手"三级联络网

在已招募的"河长助手"中，按区、乡镇（街道）、村（社区）分级组成三级联络网，及时有效传递河湖环境信息。

4. 开展"河长助手"培训

邀请河湖治理行业专家，组织开展河湖管护知识培训，明确管护重点及任务，培育绿色发展理念，提高"河长助手"水环境保护水平，发展护河新力量。

（二）依托群众力量，发挥护河主力作用

将群众作为护河、管河根本依托和力量源泉。

1. 让群众充当河湖管护宣传员

全区 20 名"河长助手"，带动发展各类志愿者团体，发放宣传手册、节水小常识 50000 余份，将河湖保护知识、相关法律法规、环保理念带入千家万户，渗透社会各个层面，以实际行动影响和带动 2000 余人常态化开展"清河净滩""河湖洁净月"活动，引发护河热潮。

2. 让群众充当护河监督员

设立"天元区生态环境监督群"，主动邀请"河长助手"参与监督，引导 100 余名环保志愿者、热心群众加入，充当护河"啄木鸟"，分区分段不定期组织开展志愿巡河反馈活动，对辖区水域岸线管理、水污染防治、水环境治理进行监督，对破坏河道、污染水体行为进行举报，助力"官方河长"动态监管河湖环境。针对突出问题，上报至区河长办采取"一单四制"交办整改，形成群众有举报，部门有回应，问题有整改闭环链，有效解决大小河湖问题 2000 余起。

"河长助手"发起"清河净滩"活动

（三）开启管护新模式，引发全民护水热潮

将日常管护范围延伸至农村河湖，探索社会全员参与，助力乡村振兴，创建文明典范城市。

1. 开创公众护水便捷通道

区河长办联合区委宣传部在"新区志愿"App平台开创了"河我一起"志愿服务活动专栏，搭起官方与民间线上信息共享治水平台，简化河湖保护活动组织流程，线上灵活简便招募、管理、激励志愿者，网络发布、审核、统计活动信息，精准高效组建护河队伍。群众前端线上上传河湖问题线索，区河长办后台分配任务，职能部门线上接收反馈涉河突出整治情况，形成高效便捷干群共治长效机制。

2. 扩大护河力量

"河我一起"专栏以"新区志愿"App原有志愿服务人员为基础，以党员干部为圆心，向周边企事业单位、社会团体、学校学生、公众环保人士、社会大众发展扩散，凝聚了近30000名志愿服务力量，志愿护河力量空前。

3. 激发群众护河热情

在平台"贡享超市"设立志愿活动有奖兑换机制，参与"河我一起"护河行动者获取相应活动时长积分，累积积分可线上兑换含医疗、教育、生活日用、美食等物品，鼓励群众参与宣传水知识、水文化，加强对水资源、水生态的保护，开启长效管护新模式。"河我一起"专栏上线以来，便成为"新区志愿"平台热门栏目，巡河护河信息刷爆后台。截至目前，各类社会团体志愿者在平台组织开展"世界水日"、"中国水周"、世界地球日、河道净滩等大型志愿活动15起，10000余人参与其中，日常志愿巡河护河共计发起4500余次，反馈整治河湖问题共400余起，全民护水爱水成新常态。

"河我一起"大型宣讲活动

在"河长制"促"河长治"的号角声中，天元区通过"河长助手""河我一起"栏目，让广大群众从过去的"旁观者"，变成了如今的"参与者"和"监督者"，成为水环境治理的主力军，

形成政府前方带头"治"，群众后方积极"护"的良好格局，常态长效巩固治理成效，辖区水环境日益改善，河湖面貌显著提升。2018—2022年，万丰湖晋级为国家水利风景区，湘江河西风光带、杨柳湖成为全省"美丽河湖"，推动河长制工作不断走深走实。

【经验启示】

（一）凝聚社会合力，强化干群共治共享

河长制工作是一项系统工作，靠零敲碎打不行，靠碎片化修补也不行，只有凝聚政府及社会合力，才能写好河长制这篇大文章。自天元区河长制工作开展以来，区委、区政府领导高度重视，主要领导带头巡河，承担起相应辖区的治污治水责任，统一领导、协调重大"四乱"问题整改工作。同时，社会力量更不容忽视，民间护河队伍自发牵头组织开展志愿活动，"河长助手"三级联络网及时有效传递河湖环境信息，为河湖管护工作注入不竭动力。

（二）打通对话平台，构建良性协作机制

天元区高度重视志愿者意见反馈，民间河长巡河发现问题都能直接向区河长办工作人员反映。区河长办也经常邀请"河长助手"一同到现场查看问题，共同提出针对性整改建议。新区志愿"河我一起"专栏的不断完善优化，更为志愿者们开展常态化巡河提供了便捷平台，发现问题能够线上交办，及时传递河湖问题线索，解决问题效率大幅提高。

（三）丰富宣传形式，打造民间护水榜样

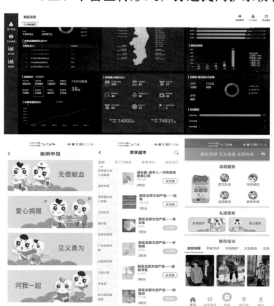

"新区志愿"App"河我一起"专栏

榜样的力量是无限的，要通过多样化宣传形式，对民间护水典型进行宣传，要让广大市民朋友们知道榜样人物的先进事迹，更重要的是要让大家学习他们一心一意支持河长制工作，为河湖安澜奔走付出的无私奉献精神。这样才能充分带动广大群众，发挥其监督并自觉维护的作用，把公众从旁观者变成环境污染治理的参与者和监督者，进一步提高全社会河湖保护责任意识和主人翁意识。

（天元区河长制工作委员会办公室供稿，执笔人：文柳）

湖南省河湖长制 工作创新案例汇编

幸福河湖建设

细"治"入微　擦亮乡村振兴底色

——长沙县小微水体管护治理的经验与实践

【导语】

　　长沙县共有小微水体 58369 处，涵盖村管河流 127 条、水库 35 座、山塘 41652 口、沟渠 15985 条、河坝 570 处。自 20 世纪 80 年代起，长沙县作为当时的生猪调出大县，大量猪粪随意排放，对境内部分小微水体水质造成极大污染，严重破坏了水体及周边生态环境。同时，一些小微水体疏于管理，导致流通阻断、面积和功能萎缩、水质恶化等突出问题。临水不得其"便"、近水不享其"美"。对此，基层呼声强烈、群众翘首以盼。

　　2019 年以来，长沙县坚持以全面推行河湖长制为抓手，坚持大小共治、水岸同治，开展小微水体综合治理，将小微水体治理融入乡村振兴战略，率先在全省针对不同区域、权属、类型、功能的小微水体，推行小微水体分类整治，积极开展小微水体管护示范片区建设，并以片区整体环境整洁优美、岸坡生态、沟渠通畅，塘坝整洁，水体清澈干净，沟、渠、塘、坝等小微水体无污染、无垃圾、

开慧镇开慧村坡里组小微水体

无淤积、无违建、无损毁为建设目标，以点带面，推动全县小微水体管护升级，真正做到让水留下来、留起来、净起来、美起来，将小微水体变成小微景观，建设秀美水生态，全面提升人民群众的获得感、幸福感，初步实现产业兴旺反哺水生态环境提升的良性循环，擦亮乡村振兴新底色。

【主要做法及成效】

（一）建立健全体制机制，为小微水体保驾护航

1. 管护范围全域覆盖

县河长办结合实际，先后印发《小微水体管护实施方案》《河湖长制进网格工作方案》。按照"属地管理、分片负责，管护为主、分类治理，强化监督、严格考核"的基本原则，建立村管小微水体名录，划分小微水体片区 1675 个，设片区河长 1333 名。通过实施"网格＋河长制"机制，建立一体化巡查体系，将河湖巡查内容纳入三级网格实施，以河长体系为"经线"，以网格员为"纬线"，划分 18 个一级网格、217 个二级网格、2262 个三级网格，明确网格员 4200 余人，发挥网格员"人熟、地熟、事熟"的优势，实现问题收集、反馈、解决等工作闭环管理，并将小微水体维护和保洁纳入农村人居环境日常保洁内容，打通了管护工作的"最后一公里"。

春华镇春华山村一体化污水处理设施

2. 考核监督全面压实

全县设立 242 个水质监测点，定期对全县河湖、水库水质进行监测，并及时向责任河

长和乡镇（街道）通报，累计发送水质短信33000余条，让河长及时掌握河湖水质变化情况；将水质达标情况纳入了年度绩效考核，对出现Ⅴ类、劣Ⅴ类水质的河湖长下发警示函，连续出现不达标的河湖长进行约谈警示。县河长办坚持定期不定期开展暗访督查，监督各级片区河长、网格员、保洁员履职情况，随机巡查小微水体水质、岸线环境、水面保洁情况，对管护不到位的问题及时通报。

3. 统筹力量全员参与

动员全社会力量参与水体治理、水生态修复和日常管护。一方面号召广大党员主动认领小微水体，管好自家门前的渠，管好自家门前的塘；将河湖日常保洁与农村人居环境整治"合二为一"，推动管护责任的整合和落实，有力地破解了"路上垃圾扫沟里，沟里清淤倒路上"的难题；同时利用"屋场夜话"等时机充分吸收全体居民关于小微水体治理管护的优秀建议，强化村民的主人翁意识。另一方面不断强化和扩大民间河长队伍，成立县级"河小青"行动中心、建立松雅湖自然湿地学校，推动民间河长与行政河长互推互促，充分发挥民间河长第三方监督作用，形成齐抓共管的良好局面。

（二）强力推动综合整治，为小微水体正本清源

1. 从源头"治"

全县已建成污水处理厂26座（包含1处提升泵站），排水管网915千米，处理规模突破80万吨/天，累计投资22亿元，已经实现全县城乡污水处理全覆盖。其中乡镇已建成16座污水处理设施（含15座污水处理厂和1座污水提升泵站）、6座污水处理站、52座一体化污水处理设施、110处人工湿地和220千米排水管网，累计处理能力约为6.3万吨/天。全县乡镇污水处理建设实现了三个全覆盖，中心集镇、工业园区的污水处理厂建设全覆盖，次集镇、人口集中居住区的污水处理设施建设全覆盖。农村散户为主的卫生改厕、四池净化设施建设全覆盖，基本实现了污水处理走进千家万户的目标。

2. 从水中"清"

制定了河湖水域保洁方案，落实了管护经费，县级财政每年安排400万元河湖日常保洁专项经费，各镇街也加大了日常管护资金配套投入，确保了小微水体日常保洁工作常态化。同时，开展农村"五治"行动，结合高标准农田建设、土地平整、小水源建设和"民办公助"、"小农水"等小型水利工程建设管理的形式，近5年累计投入近8亿元，开展山塘沟渠清淤整修、疏浚衬砌、垃圾打捞、连通水系、生态修护，基本解决了河道水系存在的淤塞不畅、环境恶化等问题，恢复了小微水体的基础功能和自然形态。

3. 从岸上"防"

重点开展河湖"清四乱"等专项整治，共整治典型"四乱"问题116个，清理非法占用水域约 2500 平方米，拆除违法建筑约 3500 平方米，清理乱堆垃圾、杂物等约 13000 立方米；重新印发了《长沙县畜禽养殖区域划分办法》，区域划分为限养区，限养区内严格控制养殖规模，出台了畜禽养殖退出方案，对自愿拆除养殖房屋（设施）的养殖户，按相应程序给予适当扶助；实现全县规模养殖场畜禽污染治理设施配套率 100%，养殖粪污综合利用率达 96.3% 以上；加强执法监管，河湖长制实施以来，累计检查涉水企业 7000 余家，抽检水质 1300 余家，立案查处涉河涉水违法案件 1139 起，处罚金额 700 余万元，取缔"散乱污"企业 400 余家。

果园镇花果村市级小微水体管护示范片区

（三）坚持样板示范引领，为小微水体打造标杆

1. 以点带面美化乡村

河湖长制实施以来，全县高起点打造市级小微水体管护示范片区 24 个，县级小微水体管护示范片区 10 个，通过开展小微水体管护示范片区创建，示范片区因地制宜建设水杉绿色隧道、河口亲水平台、滚水坝观景平台、滨水步道、湿地公园，临水而建的露营基地、极具现代感的书屋、休闲亭与山水田园浑然一体，以点带面促进了流域水环境质量逐步改善。依托良好的水环境，全县建成省级乡村振兴示范村 78 个、省级美丽乡村 6 个、美丽宜居村庄 318 个，并获评全省"人居环境整治先进县"，全省"美丽乡村建设先进县"。

2. 水文旅结合盘活经济

水不仅是生命之源、生态之基，更蕴藏着丰富的经济价值，找到三者间的"平衡点"

是治水、用水的关键。长沙县在条件成熟、环境优美的小微水体旁发展特色种养、精品民宿、露营基地等特色产业，与当地人文历史相结合，推进生态旅游，着力践行"碧水就是财富"的理念，通过"增水""增景"实现"增收"，走出一条水农文旅融合赋能乡村振兴的路径。黄花镇银龙示范片区引进社会资本，全力打造"村集体＋骨干文旅企业＋全域发展"的"1+3+N"融合发展模式，游客量从 2020 年的 1.3 万人次增至 2022 年的 23.8 万人次，实现跨越式增长。江背镇接待游客超 80 万人次，带动村集体经济增收超 100 万元，旅游综合收入超 4000 万元。2023 年上半年，全县旅游总人次 1149.7 万人次，同比上涨91.8%，旅游总收入 124.8 亿元，同比上涨 96.8%。

江背镇印山村市级小微水体管护示范片区

江背镇五福村游人如织

3. 共建共享造福百姓

在开展小微水体治理管护工作中，长沙县因地制宜，化解矛盾，创新投入，吸纳民间力量、社会力量，盘活资金链，为小微水体治理管护注入一汪"活水"，真正做到了农村有景看、农业有钱赚、农民有活干，真正实现了让农民留下来、让农村富起来、让产业旺起来，让小微水体治理做到普通百姓深受其益、乐在其中。果园镇花果示范片区集体经济收入达到 55 万元，村民在家门口创业就业，发展起 4 家民宿、9 家农家乐、23 家农业企业；开慧镇锡福示范片区引入"村委会＋公司＋农户"的发展模式，村集体收入从过去的几千元，一跃上升至 200 余万元。2022 年全县村级集体经济收入达 1.46 亿元，101 个村（社区）集体经济收入过 50 万元。百姓足不出户即可欣赏美景、不出村组就有文娱活动场所、不出镇街就有工作岗位，充分满足了人民群众的乐业之需、宜居之盼、舒适之愿，有力地助推了乡村振兴，全面提升了人民群众的获得感、幸福感。

高桥镇金桥村治理后的小微水体

【经验启示】

（一）推动小微水体管护全面落实，要坚持全员参与、共建共管

作为百姓身边的水体，日常管护工作量大，内容烦琐，也缺少足够的经费保障。只有采取共建共管，充分发挥人民群众的主观能动性才能实现长效长享，如农户家中的两池（化粪池、隔油池）由农户定期自行清理维护，落实农户门前"三包"即包卫生、包绿化、包秩序，公共区域由村组分片包干、责任到人，使农户自觉参与到小微水体管护与治理。

（二）打造小微水体管护示范，要坚持系统治理、统筹规划

小微水体看似小，实则大而全，涉及截污治污、畜禽养殖、改水改厕、农业面源污染等诸多问题的治理，在小微水体整治及打造小微水体管护示范片区之初就需要统筹规划好住建、农业农村、生态环境、交通、水利、美丽乡村等方面的项目资金，做到科学规划、统筹兼顾使得所有项目资金做到最大化利用。

（三）保持小微水体管护常态长效，要坚持发展经济、反馈反哺

环境就是民生，碧水也是财富。通过日常管护，提升了水质，美化了环境，也要积极引入农业项目落地、绿色产业发展，打造特色品牌，形成特色农业、水产、餐饮、休闲旅游、民宿等产业，带动群众就地就业和增产增收，让群众真切感受环境美带来的实惠，更加自觉地维护身边环境，让小微水体管护常态长效，百姓幸福感与获得感不断提升。

（长沙县河长制工作事务中心供稿，执笔人：赵毅、陈尚仪）

适合城市封闭湖泊的立体水生态修复模式

——长沙湘江新区梅溪湖治理的探索与实践

【导语】

20世纪50年代前，梅溪湖还不叫梅溪湖，而是叫梅子滩，只有一条宽20米，从西到东流经龙王港汇入湘江的小溪。直到1958年，梅子滩修了一座堤，这才改称为梅溪湖。2007年，长沙计划投资600亿元启动梅溪湖综合开发项目。2008年6月长沙大河西先导区挂牌。2009年2月，先导区成立梅溪湖片区开发建设指挥部，全面启动梅溪湖片区的开发和建设。2012年，梅溪湖开始全面蓄水。

因梅溪湖属于城市内陆人工湖泊，蓄水之初，尚未建立完整的水生态系统，生境单一，存在水生动植物食物链缺失、大量死亡等问题，湖泊内源污染得不到有效降解。加之存在季节性缺水现象，湖泊水动力不足，水体自净作用薄弱。

当时，梅溪湖治理面对着诸多难题，排水系统正处于建设中，生活污水、农业面源污染以及环湖初雨污染等问题引起水体富营养化，湖泊水质持续恶化。2017年底，为切实改善梅溪湖水质，将梅溪湖纳入区管湖泊管理范畴，开启了梅溪湖治理新征程。

为持续提升梅溪湖水质、恢复湖泊水生态系统功能，湘江新区贯彻"生态优先、绿色发展"的新发展理念，主导实施"控源截污、湖底清淤、生态护岸、种草养鱼"四维治水模式，逐步打造出梅溪湖特有的"草型＋鱼型"生态链复合型水生态系统。在梅溪湖环湖全域新建水质净化厂、人工湿地、初雨溢流污染控制、河湖连通应急补水等一系列工程，形成整装成套适合城市封闭湖泊的立体水生态修复模式。

如今，全湖水质已稳定达标地表水Ⅲ类，中心水质可达地表水Ⅱ类指标，500万立方米的梅溪湖，成为享誉全国的人工湖泊治理典范。

【主要做法及成效】

（一）源头控污，打造宜居宜业国际新城

要想做好湖水治理文章，梅溪湖环湖初雨溢流污染控制必不可少。2020年，湘江新区开始实施梅溪湖环湖初雨溢流污染控制工程（一期）项目，项目包括入湖排口截污改造、原有滨湖和环湖污水干管非开挖修复、环湖右岸污水系统完善及左岸滨湖沿线小区污水管网改造等，2021年6月完成主体建设及竣工预验收。该项目在长沙范围内首次应用智能型自控截污系统和德国萨泰克斯（SAERTEX）紫外光固化非开挖修复技术。智能型自控截污系统的投入使用，大大提高雨污分流效率，同时有效阻止污水管倒灌雨水。

2022年，梅溪湖环湖初雨溢流污染控制工程（二期）作为湖南湘江新区2022年重点建设项目，纳入长沙市"一江一湖六河"综合治理三年行动计划（2021—2023年）和长江经济带绿色发展专项中央预算内投资计划开始实施。二期工程包括沿梅溪湖左岸环湖路（近湖七路—梅溪湖大桥）顶管新建约3.7千米的污水管、环湖7处雨水净化区提质增效以及环湖路市政排水管道清淤等，主要解决片区初期雨水入湖污染问题，完善片区排水体系，进一步提升区域水生态环境质量，于2022年11月完成全部项目建设。二期工程治理真正做到把附近居民区的雨污分流全部完成，治理后污水不再流入梅溪湖，达到源头治污，保证了梅溪湖水质。

（二）双管齐下，"水治理"协同推进精准施治

梅溪湖位于龙王港流域范围内，梅溪湖水体与龙王港水体互相连通。在特殊情况下，为补充水源，通过应急补水工程与智慧控制系统，适时开闭水闸，对梅溪湖进行水源补给，实现两者之间的水位调节。因此，龙王港水质与梅溪湖水质息息相关。龙王港发源于雷锋街道牌楼坝水库，在望月湖街道溁银桥汇入湘江，全长29千米，是湘江一级支流。近年来，随着城区面积扩大、城市人口增加、工业发展提速，流域内配套雨污管网、截污治污设施建设严重滞后，原本清澈见底的龙王港褪变为一条"污龙"河，水质恶化到劣V类。为切实提升梅溪湖水质，龙王港配套污水处理设施建设迫在眉睫。

为缓解城市与日俱增的排水压力，完善城区开发建设过程中的配套污水处理设施，2018年9月29日，梅溪湖水质净化厂（一期）主体工程开始实施，2019年7月底实现通水，2020年12月全面竣工。项目位于黄桥大道与梅溪湖路西延线交叉口东北侧，是新区首个环保型PPP项目，也是湖南省首家半地下式建设的城市污水处理厂，纳污区面积73.93平方千米，纳污范围为梅溪湖国际新城及周边部分区域，规划服务约95万人。来自梅溪湖等片区的生活污水在进水闸门井中汇集，经过粗格栅、细格栅等工序预处理后，采

用"AAOA+MBR+紫外线消毒"核心污水处理工艺，净化至地表准Ⅳ类水标准。生活污水经处理过后，大部分排入净化厂配套人工湿地，完成自净后作为龙王港补水水源；部分中水将作为市政公用水实现水资源循环利用。

梅溪湖水质净化厂（一期）项目设计污水处理规模达25万吨/天，远期规划污水处理规模最大量达50万吨/天。全面运营后，有效提高湘江新区特别是梅溪湖片区的污水处理能力，解决龙王港流域整体缺水难题，恢复流域良好生态环境。

梅溪湖水质净化厂

近年来在河长制的统筹推动下，通过采取控源截污、雨污分流、内源治理、生态提质等系统整治措施，龙王港水环境明显改善，2021年龙王港口（入湘江）水质已稳定达到地表水Ⅲ类及以上。目前，梅溪湖全湖水质也已稳定达标地表水Ⅲ类，中心水质可达地表水Ⅱ类指标。

（三）建管并重，打造生态链复合型水生态系统

为持续提升梅溪湖水质，湘江新区还实施了"控源截污、湖底清淤、生态护岸、种草养鱼"四维治水模式，逐步打造出梅溪湖特有的"草型+鱼型"生态链复合型水生态系统，并牵头制定了《城市湖库水生态修复及运行维护技术规程》等相关规程。

"人工湖库水生态系统构建技术"是一种改善人工湖库水生态系统、丰富物种多样性、提升湖库稳定性和自净能力的技术。该技术由湘新水务公司自主创新，通过构建梅溪湖丰富的多物种共存生物群落和多层次生境结构，实现梅溪湖水质持续提升；通过对梅溪湖进行全方位、系统性、专业的运维管理，实现梅溪湖水生态系统和整体水质保持稳定。2022年12月26日下午，湖南省环境科学学会组织召开《人工湖库水生态系统构建及运维全链条关键技术研究与应用》成果评价会议，与参会专家一致认为该成果从环境科学与工程、

生态学和生物学等多学科视角，对人工湖库水生态系统开展构建和运维技术自主创新研究与实践，形成了"内外源污染防治、微生境改善、生物群落恢复"多链条治理技术，取得良好实践效果。

2022—2023 年，"梅溪湖湖泊水质保障工程水质与水生态监测评估"项目组先后出具《关于梅溪湖开展 2022 年度冬季大捕捞的建议》和《梅溪湖 2023 年鱼类放流建议》，根据研究报告，湘江新区对梅溪湖生物群落进行调整，成功改善周边区域生态环境，助力梅溪湖国际新城"山、湖、城"共融。

梅溪湖

【经验启示】

（一）要坚持源头控污

排查污染来源，强化初雨溢流污染控制，采取入湖排口截污改造、环湖管网清淤、污水管网收集系统修复等措施，从源头杜绝污水入湖。

（二）要坚持协同共治

强化"一盘棋"思想，对梅溪湖周边重要水系龙王港开展协同治理，新建梅溪湖片区污水处理设施设备，大幅提升片区污水处理能力；同时强化水系连通，增加补水活水来源，反哺梅溪湖水质，实现双向共赢。

（三）要坚持建管并重

遵循生态修复为主、人工维护为辅的理念，将水生态相关理论技术应用于"设计—实施—运维"的全过程管理中，采用沿岸带湿地植物群落优化配置和湖泊水生食物网构建，构建湖泊丰富的多物种共存生物群落和多层次生境结构，提升梅溪湖水生态系统质量和稳定性，有效保障梅溪湖水生态系统长久稳定。

（湖南湘江新区农业农村和生态环境局、湖南湘新水务环保投资建设有限公司供稿，执笔人：江从平、王丹、张小春、李赛、莫竞瑜）

郴州好水 生活更美

——郴州市北湖区打造连通乡村振兴的幸福水系

【导语】

在开展系统治理前，西河是河湖淤积严重、防污防控形势严峻、防洪排涝设施不足、河湖水体连通性差的问题河流。沿线乡镇产业结构单一、交通落后、产业发展停滞等难题困扰着当地的发展。郴州市北湖区围绕幸福河湖建设，结合郴州市人民政府打造国内知名的西河乡村振兴示范带建设，紧密结合乡村振兴、紧扣民生需求，系统观念统筹谋划，实施以水系连通及水美乡村建设为主的西河综合整治，逐步实现水系连通产业、产业盘活农业，为区域经济发展提供强大动力，着力打造"安澜西河、民生西河、生态西河、美丽西河、文化西河、富裕西河"，如今西河已建设成集防洪除涝、生态廊道、乡村振兴等综合功能于一体的幸福河湖。

西河走廊

【主要做法及成效】

（一）以水为要，打造安澜西河

1. 加强防洪排涝能力建设

重点实施堤防整治加固。新建或改造生态护岸 32.33 千米，江心洲治理 4 处，新建吴山活动蓄水坝 1 座、3 处河湖（塘）连通工程、活水进村小微水体连通工程，配套 20 余座堰坝（坎）新建或改造。新建茅坪坝村等 4 处水轮泵站，提高沿线重要城镇排涝能力。

2. 清淤疏浚提高塘坝蓄水能力

完成河道清障 5 处，河道清淤疏浚 1.7 千米，山塘清淤 35 座，清淤总量约 12.5 万立方米。

3. 推进水库除险加固

完成了铁坑水库等 5 座小型水库的安全鉴定，启动了大头山水库等 3 座小型水库的安全评价工作。通过系统治理，西河沿线形成一道绿色防洪闭合圈，通过对西河原有堤防加固提档，堤岸生态修复，区域防洪减灾能力得到极大提升，重点乡镇提高到 10 年一遇，重点村庄提高到 5 年一遇，有力保护西河沿线 6 万人生命财产安全。

治理后的江心洲

（二）以水为定，打造民生西河

1. 提升农业用水保障

通过开展水系连通及水美乡村建设工程，改善灌溉面积 3200 亩，新增灌溉面积 800 亩，保护农田 5800 亩。开展小水源供水能力恢复建设项目，完成面上清淤山塘 142 座。

2. 加强农村生活用水保障

建设农村集中供水工程307处，整治12个农村"千人以上"饮用水水源地生态环境问题，20余万名群众受益。应对极端干旱紧急安排抗旱经费160万元，完成2处渠道应急抢修、35处人饮工程加固、91套抗旱机具检修，确保大旱之年无大灾。

（三）以水为基，打造生态西河

1. 推行"生态治理"模式

充分尊重自然，开展吴山湖"活水进村碧水映村"等工程，项目总投资1500万元，对招旅村下游沙洲进行整治，打造景观"柳岛"；新建引水进村项目，重点建设吴山村及招旅活水渠和吴山湿地公园。

2. 绿树美化乡村

种植12000余株树木和15000平方米地被植物，实现西河沿线主要道路、游道绿化率达90%以上，塘堤岸坡绿化率达到100%，4个村被评为"森林乡村"。

3. 提升污水治理能力

计划新建4个乡镇污水处理厂及其配套设施，投资2.34亿元，全部运营后可日处理污水5000吨，现已建成鲁塘污水处理厂、华塘镇污水处理厂，避免污水直排西河。实现西河沿线农村水安全状况显著提高、蓝绿空间容积明显增大、河库水环境切实改善、生态宜居性大幅提升。

西河沿线草莓种植园

（四）以水为媒，打造美丽西河

1. 全力整治人居环境

制定出台《北湖区2022年"美丽屋场"和"美丽庭院"创建工作实施方案》，拆除危旧房屋材料，改造成菜园、果园、禽园，西河沿线共建成"美丽屋场"示范点 10 个，"美丽庭院" 60 户。新建 5 个农村公共厕所、103 个户厕。

2. 建设美丽乡村

引入水文化要素，充分挖掘自身特点，建设"层水叠嶂、瑶汉相融"月峰瑶族村、"水秀宜人、生态典雅"小埠村、"水孕杰灵、峻秀宜业"石山头村、"河湖交融、古韵三合"三合村、"湖光山色、醉美吴山"吴山村、"碧水映村、俏丽茅坪"茅坪村 6 个水美乡村。创建省级特色精品乡村 3 个，省级美丽乡村示范村 9 个，保和瑶族乡小埠村入选"中国美丽休闲乡村"。

（五）以水为魂，打造文化西河

1. 注重保护历史文化

着力提升水利工程文化内涵，推动水利工程与水文化元素有机融合。围绕三合村"五古"（300 年的古戏台、清代古花桥、历史古名人、百年古树群、古西河）、石山头村侍郎桥古文化等涉水文化资源，开发出集乡村休闲、婚庆摄影、古文化欣赏等为一体的农家乐旅游模式，丰富乡村休闲旅游的内涵和人文体验。

绿色生态西河

2. 大力发展农耕文化

每年举办"农民丰收节""草莓农旅节"等系列特色乡村节庆活动，以"一村一节"推动本地特色文化活动进入旅游市场，唱响北湖"春赏西河、夏嬉龙虾、秋品果蔬、冬食草莓"的休闲农业四季歌。

3. 提升西河文化影响力

《那河那村那人》荣获第三届"守护美丽河湖——共建共享幸福河湖"全国短视频公

益大赛优秀奖。华塘镇获得湖南省乡村振兴十大优秀案例典型乡镇,《探索"四变"路径打造乡村振兴"北湖样板"》获得《郴州改革》《湖南改革》典型经验推介。

（六）以水为脉，打造富裕西河

1. 加大新型市场主体培育力度

新增 2 个粤港澳"菜篮子"认证基地,带动西河沿线其他 4 个蔬菜基地发展,年销售新鲜蔬菜 3000 万斤,年主营收入达到 7000 万元,带动周边农户 3000 余户,为周边村民提供超 600 个就业岗位。2022 年以来,西河沿线开工建设 100 万元以上项目 34 个,完成投资 48225 万元,实现带动农民增收致富的既定目标。

2. 加快农业特色品牌的创建

深入开展品牌强农行动,制定《北湖区农业品牌建设实施方案（2022—2024 年）》。"亮嘢豆腐""福城禾花鱼米"喜获第二十三届中部农博会农产品金奖,成功创建省级示范家庭农场 2 家、市级示范家庭农场 3 家、市级示范农民专业合作社 2 家。保和瑶族乡"小埠大院"入选湖南省五星乡村旅游区。

3. 构建以西河为纽带的农文商旅新型业态

依托现有幸福草莓农场等一批本土智慧农业产业,大力发展涵盖研学旅行、农事体验等分享经济、体验经济。2022 年北湖区草莓种植面积近 5000 亩,产值约 2.25 亿元,吴山草莓荣获全国"一村一品"。促进乡村研学、精品民宿等一批产业项目招商引资,引进 2 亿元以上重大项目 15 个,总投资 81.1 亿元,成功举办北湖区首届旅游发展大会,旅游综合收入突破 75 亿元。

【经验启示】

西河流域治理经验表明,落实系统治理,需要从思想观念上转思路、想出路,统筹谋划,多措并举,保障水生态安澜,传承弘扬水文化,带动发展绿色水产业,营造全民治水新格局。

（一）建立"制""治"结合工作体系，持续提升流域治理水平

"制",以河长制为抓手,开展西河及其水域岸线管理保护,维护流域系统治理成效。"治",以指挥部为总揽,推动西河系统治理工程。借鉴河湖长制成功经验,区委、区政府成立水系连通及水美乡村建设试点指挥部,争时间、抢进度确保工程建设稳步推进。由区委书记任顾问,区委副书记、区长任组长,下设综合组、工程组、资金保障组等。举全区之力推进河湖水域系统治理,强化全局谋划,形成高位推动、领导带动、协调联动的治理格局。各级党委政府牵头抓总、立军令状、签责任书、挂图作战、对表推进,一级抓一级,层层抓落实,形成党委政府主导治水、社会各方参与治水的良好态势。

（二）坚持规划引领，规划乡村水系保护利用

当前实施乡村振兴、建设美丽中国的进程中，要做好乡村水系利用和保护大文章。西河水系连通及水美项目建设突出山水林田湖草沙系统治理，坚持规划先行，将水系保护、合理利用作为重点，对照"一河一策"多措并举推进水生态系统保护与修复。利用周边水资源，引水入村，通过池塘、水渠、水沟等科学布设，使得"村中有水、水中有村"，达到人水和谐，秉承"一村一品"的要求，建设各有特色、百花齐放的美丽乡村，建成"望得见山、看得见水、记得住乡愁"的特色山村。

（三）挖掘文化元素，推动以水文化串联生态和民生

西河流域治理以更好地满足人民群众物质和精神文化需求为目标，做好水文化传承与弘扬。对于沿河已建的水利工程、生态工程及景观工程，结合沿河两岸文化类型与特征，充分挖掘工程自身文化功能及周边历史文化内涵，从保护传承弘扬角度将水利工程与周边环境及工程自身蕴含的水文化元素有机融合。创作水文化艺术作品，讲好幸福西河故事。依托地方主流媒体、行业媒体及网络新媒体等传播载体，以短视频大赛、专题报道、宣传片播放等多种方式，宣传西河水文化，向社会公众传播水文化精神。切实把水系连通及水美乡村建设打造成文化性和工程性改造相结合的典范。将历史和地域文化融入景区，着力打造丰富多彩、水景相融的幸福河流，让水文化成为最深沉最持久造福人民群众的精神力量。

（四）发展绿色产业，打造幸福河湖带动乡村振兴

北湖区在西河系统治理中，结合沿线乡村自然地理条件和水系特征，充分考虑一二三产特色产业发展需求，推进水系连通，优化提升水系及滨水空间格局，提高行业用水保障。推动三合村等美丽乡村建设经验向周边辐射，延长西河风光带，打造更多节点，挖掘地方"水生态""水景观""水文化"特色，结合产业发展需求催生绿色"水经济"。大力推动和发展资源消耗低、环境污染少、科技含量高的绿色产业结构和绿色产业链，将良好的西河生态环境转化为深具潜力的绿色发展增长极。始终将乡村振兴战略"二十字方针"为目标，通过系统治理，助力乡村产业振兴、助力乡村人居环境改善、提升乡村整体基础设施，建设幸福西河，让全社会共享水之安、水之福、水之美、水之乐、水之惠。

（北湖区水利局供稿，执笔人：伍军、范虎、刘海）

推进"水文旅"融合　促进高质量乡村振兴

——长沙县浔龙河青山铺镇段美丽幸福河创建实践

【导语】

浔龙河为捞刀河二级支流，长沙县青山铺镇段属于上游段，长8.1千米，集水面积12.52平方千米。堤防长6.5千米，流域内小（1）型水库1座，即响水坝水库，山塘534口，面积1520亩，拦河坝10处，涉河建筑物37处，农田0.57万亩，流域内常住人口3072余户7913人。浔龙河青山铺镇段属于农村河道，堤防防洪标准低，闸坝年久失修、阻洪严重，部分河段淤积严重，洪灾频发，造成农田减产；农田灌溉实施粗放的漫灌方式，水资源利用效率低；部分生活污水收集处理不到位，农业面源污染依然存在，部分河段部分时段水质不达标；河流管护不到位，沿岸生活垃圾、建筑垃圾较常见。

河长制实施后，县财政投资200万元实施河道综合治理，堤防达到设计10年一遇标准，过去洪灾频发的情况得以改善；部署开展化肥减量增效三年行动、畜禽养殖退出专项行动，农业面源污染得到有效控制；实施集镇管网雨污分流改造，及时疏通堵塞管道，扩容提标乡镇污水处理厂，实现污水全收集全处理，青山铺镇段水质优良率自2018年的25%提升到2021年的100%，并稳定达标。浔龙河水质显著提升、水环境明显改善，但河湖管护治理的社会效益和经济效益发挥不充分。

为破解上述难题，长沙县创新推进水文旅融合，促进高质量乡村振兴。长沙县选择浔龙河上游段，高质量开展美丽幸福河创建，充分发挥天华山风景区的水源涵养功能、响水坝水库的调蓄功能及浔龙河防洪、灌溉、生态功能，构建优质水景观，打造河长制文化主题公园，与沿岸人文景观有效衔接，带动旅游业发展，实现"水文旅"的深度融合，促进高质量的乡村振兴，切实增强周边村民的幸福感和获得感，有效提升河湖管护治理社会效益和经济效益。长沙县高质量开展浔龙河青山铺镇段示范美丽幸福河创建，相关经验已在县域内推广实施，已累计建设美丽幸福河 58 条。

浔龙河青山铺镇段美丽河流夜景

【主要做法及成效】

（一）制定实施方案，明确创建标准

市河长办组织制定示范美丽幸福河创建工作实施方案，紧紧围绕"治水效果明显、管护机制完善、经验可复制可推广"的工作目标，明确创建验收标准，通过实施系统治理，以高标准建设水安全、高要求严管水资源、高质量治理水环境、高品位营造水景观为基本要求，打造"水清、河畅、岸绿、景美、鱼欢、人和"的美丽幸福河样板。县河长办与组织部门对接，将示范创建工作纳入县对镇街党政领导班子绩效考核内容，统筹推进示范美丽幸福河创建。

（二）注重规划引领，突出地方特色

由县河长办会同水利局组织镇街开展调查摸底，深入了解辖区河流基本情况，包括水利设施现状、管护治理效果、群众满意度等情况，初步拟定创建名单，并联合向市河长办、市水利局申报，经市河长办、市水利局复核后报市政府审定，由县河长办、县水利局负责统筹推进创建工作，指导乡镇（街道）科学规划，统筹县域内文化旅游资源，明确发展定位，实施差异化创建思路，提升文旅品牌竞争力，针对性编制创建方案，并组织专家会审，方案经县河长办主任审定后实施。

（三）实施以奖代补，激发创建热情

县河长办指导督促青山铺镇及时组建镇级创建工作领导小组，镇党委书记担任组长，镇长、分管河长制的副镇长担任副组长，镇河长办具体督导协调，涉及的各办线负责人、村（社区）书记为组员，明确各责任单位具体任务，协调推进示范创建具体工作落实。先期由镇级财政自筹创建资金，资金来源主要由县河长办、县财政局统筹水利、住建、农业农村、交通、文旅等方面的资金给予支持，吸引九牛地产、天慧园农业开发、军芳农场等企业资金参与建设。严格按照政府招标采购流程确定项目建设单位，按照法定建设程序、方案明确的创建标准推进项目建设。项目建成并由镇政府自查合格后，向县河长办、县水利局提出复查申请，县河长办、县水利局、县住建局等相关负责人组成县级复查组，逐一对照创建标准开展复查，复查合格后，形成报告报市河长办，由市河长办会同市财政局、市水利局验收合格后报市政府审定，由市财政拨付 200 万元奖补资金。由县河长办、县水利局制定奖补资金使用管理办法，明确奖补范围、资金用途、监管主体、责任主体、使用程序及考核要求。由县河长办、县水利局、县财政局共同指导奖补资金的使用和管理，镇街是示范美丽幸福河创建奖补资金使用和管理的责任主体和实施主体，负责按计划组织实施建设，对项目申报、验收资料的真实性、合法性负责。

（四）整合多方资源，实现水文旅融合

1. 创新管护模式，保障水美支撑力

完成河流管理范围划定，涵盖青山铺镇段 12 处水利工程及 8.1 千米河道，有效推进依法治河，构建了"河长＋警长＋检察长＋民间河长＋巡河员＋保洁员"的"四长两员"工作体系。一方面，鼓励青山铺镇探索形成党建引领管护模式。建立"河长专干＋党员＋'河小青'志愿服务队"的定期志愿服务模式，组建 50 人规模的志愿服务队伍，实现党建引领、社会参与，促进共管共治。另一方面，探索形成标准化、物业化、智能化"三化"管护模

"河小青"行动中心组织开展巡湖护水活动

式。县水利局每年投入16万余元用于该河段保洁，年初预付50%，剩余50%与季度考核结果挂钩，不足部分由镇自筹。引入专业化物业公司，明确管护责任和标准，实施"红黑名单"制管理，形成"行业监管、镇考核、物业公司落实"的管护链条。建成智慧水利管理平台，依托物联网技术，在浔龙河沿线安装自动监测和视频监控系统，设立县级指挥中心、镇级分控室，定期远程在线巡查，实现"清四乱"工作常态化规范化，河流水环境常态保持干净整洁，有效改善了农村人居环境。

2. 高效利用水资源，提升生态驱动力

累计治理水土流失面积0.47平方千米，有效提升了河流生态涵养能力；在浔龙河干流实施"十年禁渔"，增殖放流2.1万余尾，河流生态持续复苏。运用智慧水利管理平台进行大数据分析，科学制定响水坝水库调度规程，保障枯水期农业生产生活需求、河流生态流量"双控"目标。实施取水审批改革，实现取水许可快速办理，实施计量收费、精准管控。整合水利、农业方面资金，投资180余万元，开展高标准农田建设、耕地质量建设、高效节水灌溉建设，在浔龙河沿线响水坝至葡萄园段铺设了节水灌溉管道19.14千米，新增管灌、喷灌等高效节水设施；以"民办公助"模式建设取水泵站25个，新建21处高效节水灌溉区4925亩，灌溉水利用系数可达0.85，片区余水量达181.36万立方米，促进农业产业结构调整，推动特色农业和现代高效农业发展。

青洪湖河长制主题公园

3. 挖掘特色文化，增强内涵吸引力

依托浔龙河生态水文化，选择人口相对集中的集镇区——青洪湖段，完善配套绿化河岸、护栏安装、节点打造、主题背景墙、儿童沙坑等游乐设施，吸引了周边群众驻足游玩，建设县内首个乡村河长制文化主题公园，让群众享受优美水环境的同时，深入了解、宣传、参与河长制工作。深入发掘当地历史底蕴，以"天华调研"精神作为红色引擎，以乡村美学艺术赋能规划，倾力打造水文旅融合示范小镇。邀请湖南省设计艺术家协会多位专家，反复洽谈、调研，在不断碰撞、磨合中找准红色资源与现代景观的结合点，顾及年轻消费群体的需求、喜好，精心设计20余个文旅项目，仔细铺排工作任务，强化景观节点的可行性、针对性，在农业、工业、商业、文旅的多重发展维度中，紧密结合本镇实际，探索出符合自身调性的差异化乡村振兴之路。

4.统筹全域旅游，提升产业带动力

借助示范美丽幸福河创建契机，积极整合水利、住建、农业农村、交通、文旅等方面资金，并吸引地产、农产品等企业资金投入，形成刘少奇天华调查纪念馆—浔龙河河长制文化主题公园—响水坝水库—天华山景区全域旅游经典路线，打造形成稻米、葡萄、民宿等休闲旅游品牌，每年吸引游客60余万人，拉动当地餐饮、民宿、特色农产品近300万元的消费，同时增加150个以上的临时工，促进当地农民增收，群众满意度调查结果显示满意度为100%。

居民沿浔龙河青山铺镇段散步

【经验启示】

（一）突出规划引领扬优势

美丽河流示范创建，要深入开展现场调查，全面摸清流域内水利设施现状、管护治理效果、群众满意度等情况，完善"一河一档""一河一策"。同时，统筹河长制和乡村振兴，明确发展定位，突出当地特色，实施差异化创建思路，提升文旅品牌竞争力。

（二）注重资源融合促增效

实施"水文旅"深度融合，通过治水管水护水促增水，统筹增水增景增收促增效。依托当地自然水景观和水资源禀赋，深入挖掘当地传统文化，积极打造契合群众需求的游乐场景，吸引游客，带动当地人就业，帮助农民增收，切实增强美丽河流的生态效益、环境效益和经济效益。

（三）凝聚工作合力保质量

以市牵头、县统筹、镇实践的方式推动，具体由县河长办统筹，水利、住建、农业农村、交通、文旅等部门赋能，镇实施的组织形式，坚持将示范美丽幸福河湖创建作为镇总河长主抓的重点民生项目推进，并纳入河长制考核重要内容，运用以奖代补激励方式推进创建。

（四）坚持建管并重强带动

将美丽幸福河湖创建及日常管护纳入河长制工作重点任务，充分发挥河长制工作机制优势，强化巡查管护，实现建设与管护并重，常态守护美丽河流，切实提升群众获得感、幸福感、安全感。

（长沙县河长制工作事务中心供稿，执笔人：徐永常、吴波、陈聪）

河长主治　部门联治　社会共治

——常德柳叶湖的幸福河湖之路

【导语】

　　柳叶湖旅游度假区坐落在常德市城区东北的城乡结合部位，其境内柳叶湖水域面积21.8平方千米。柳叶湖旅游度假区全面落实河湖长制，统筹防洪保安全、优质水资源、健康水生态、宜居水环境、先进水文化、绿色水经济，规划布局并建设环湖文旅项目，提升旅游品质。按照"一年示范引领、两年多点突破、三年全面提升"建设计划，整体推进柳叶湖环湖走廊及柳叶湖水系文旅和农旅项目，全面推进幸福河湖建设，实现河湖长制由全面建立向全面见效转变，从"有名""有实"向"有力""有为"转变，实现区域经济高质量发展，真正让群众有获得感、幸福感和安全感。

柳叶湖大湖景观

柳叶湖国际马拉松赛　　　　　　　　　太阳谷水系郑家河污水处理站

【主要做法及成效】

柳叶湖旅游度假区在美丽河湖、健康河湖的基础上，大胆探索幸福河湖建设路径，采取有效措施推进幸福河湖建设。

（一）强化政治责任，河长主治有担当

柳叶湖旅游度假区认真落实习近平生态文明思想，扎实做好治山理水、显山露水文章，高位推动河湖长制工作落地见效，构建区、镇（街道）、村（社区）三级层级体系，共设三级河湖长 53 名、渠长 16 名，确保了"一河（湖）一策""一河（湖）一档"落地见效。强化考评问责，牵头制定了《柳叶湖旅游度假区2021年河（湖）长制工作要点及考核细则》，将河湖长制落实情况纳入镇（街道）、区直属单位绩效考核指标。区、镇（街道）级河长均根据职责开展了巡河工作，对发现的问题第一时间提出整改要求，确保巡河督导取得实效。仅以 2022 年为例，各级河长累计巡河 300 多次，区签发河长令 20 份，督办解决问题 20 个，有效推动各级河长责任落实。

（二）强化问题导向，部门联治强协作

细化分解河长制工作考核存在的不足，明确整改期限、牵头领导、责任单位，督促各级河长现场办公，现场协调，现场解决。落实河流巡查和问题派单整改作为保障水质稳定提升的重要抓手，强化压力传导。通过随机暗访，对于发现的问题，通过下发河长令、交办函等形式，责令限期整改到位，做到发现一处整改一处，2022 年交办问题 20 件，已全部落实整改。开展妨碍河道行洪突出问题排查整治专项行动 4 次，对辖区所有河湖进行拉网式排查，全年无"四乱"（乱占、乱采、乱堆、乱建）现象发生。持续加大项目资金投入力度，全区累计完成改厕 7556 户，严格落实《柳叶湖水环境保护中长期规划》，聘请第三方机构对柳叶湖水质进行监测。强化部门联治，生态环境、水利、景管、公安、城管、市政绿化等部门加强联防联控，形成各部门齐抓共管格局。召开问题整改协调会 11 次。

召开问题现场办公会 8 次，解决了白鹤镇万金障沟渠生态修复问题。畅通线索渠道，设立河湖长制举报电话、举报邮箱，采取挂号销号制度，主动受理群众涉河投诉，办结率达100%，做到件件有回音、事事有着落。

（三）强化共享理念，社会共治聚合力

坚持全社会共治共享理念，广泛吸收社会力量参与河湖保护监督管理，全区聘请"民间河长"参与河湖保护；组织 5 支"河小青"志愿服务队开展了每季度一次以植绿护绿、巡河护堤、清理河道等为主题的"河小青"活动；100 名保洁员常态化开展河湖保洁。强化宣传引导，共发放宣传资料 1 万余份，设置电子显示屏 50 余块，出动流动宣传车 50 余台次，组织开展河湖长制宣传教育活动 30 多次，参训人员达 5000 人次，推动建立了"河小青"志愿者队伍，开展志愿服务 6 次，营造了关爱河湖、珍惜河湖的浓厚氛围。结合"世界水日""中国水周"开展了系列活动，群众自觉参与河湖保护意识不断增强。

（四）强化项目建设，文旅经济强效益

在环湖生态走廊上，弘扬好水文化、渔文化和船文化，按照"不动土、不填湖"的保护原则，投入 5000 多万元，仅用半年时间，在柳叶湖右岸建设了柳叶湖渔歌艺术营地。该项目在承袭洞庭渔文化精髓的基础上，结合年轻人潮流化生活的新趋势，以精致露营为理念，以创意打卡景观为吸引点，提供一站式的营地服务，满足游客轻休闲、微度假的需求，点亮柳叶湖夜经济。整个项目建有柳叶渔市、柳叶船说演艺、渔歌艺术馆、渔歌帐篷营地、渔乐天地等业态和产品。在这里，可话渔风渔俗，品渔味渔趣，赏渔灯渔火，听渔歌渔声，憩渔屋渔帐，是一个集渔文化

游客露营休闲

展演、体验、休闲、度假等多功能于一体的旅游目的地。推出了渔歌音乐节、汉服巡游、异域风情演出、畅游渔歌艺术馆、殇渔灯渔火等活动，让游客特享渔文化盛宴，成为柳叶湖打响露营地微度假业态产业带的第一站，为柳叶湖旅游经济和疫情之后经济复苏拉开了序幕。

（五）签订招商项目，壮大支柱强产业

河湖保护工作与招商引资工作齐头并进，全力优化营商环境，创好一流环境，全面实施政策服务、市场服务、阵地服务、走访服务、数字服务"五服临门"行动，开展一系列招商引资、招才引智活动，出台优惠政策，充分发挥平台载体和社会各界力量，争取更多大项目、好企业在柳叶湖落地落户。

（六）发展生态养鱼，做大水产强品牌

柳叶湖是天然聚宝盆。柳叶湖生态鱼成为广州、长沙、重庆市民的抢手货。柳叶湖旅游度假区将加强"柳叶湖生态鱼"品牌建设的力度。为提升水产产量及品质，租赁柳叶湖红旗水库进行鳙鱼鱼苗繁育及养殖，打造自有苗种培育基地。从源头把控品质，夯实品牌基础。通过机场、高铁、高速路口等传统线下广告及新媒体线上广告进行全方位宣传推广，进一步提升柳叶湖生态鱼品牌的传播度、知名度、美誉度和影响力。通过积极参加省、市、区组织的博览会、农交会、美食节等活动，向外推介柳叶湖生态鱼产品。此外、河洲甲鱼产业园、卸甲洲龙虾养殖合作社成为柳叶湖水产的佼佼者。

大唐司马楼

（七）做强乡村产业，提质增效促振兴

柳叶湖农家乐成为农旅结合产业的鲜明标志。柳叶湖乡村产业提质增效。乡村振兴战略规划、太阳谷片区有机产业规划、农业产业发展奖补办法顺利出台。数据显示，柳叶湖旅游度假区引进农业产业项目近 30 个，吸纳社会投资 6 亿元，新增"两品一标"认证产品 16 个，有机农产品认证种类达到 46 个。在围绕幸福建设和推进乡村振兴上，创造新价值。始终坚持"生态有机"，让产业有效益。大力发展有机农业，打造统一的区域公用有

机品牌，持续扩大水稻、果蔬、油茶、湘莲、药材等有机农产品的生产规模，成功创建国家有机农产品认证示范区。坚持"观光休闲"中，加快发展休闲观光农业，建好乡村振兴示范片，扶持发展郑太有机农场、大众园艺、药材种植园等农业产业项目，策划了一批全季节的乡村休闲旅游精品线路，将"太阳谷"打造成为有机观光产业园。

【经验启示】

柳叶湖旅游度假区全域幸福河湖建设，有力地促进和支撑了区域产业扩展、融合、升级，将柳叶湖的自然生态优势转化文旅融合的发展优势，转化为农旅融合的升级优势。转化为乡村振兴潜在优势，其经验可资参考借鉴。

（一）形成河湖建设政策合力

党的十八大以来，我国推出一系列流域区域国家重大战略，为科学治水、河湖建设提供了行动导向。柳叶湖依托独特的区位优势，融合全域旅游和乡村振兴战略，统筹规划、综合施策，以良好生态环境推动了区域经济升级转型发展，在全面推进乡村振兴等重大战略上，主动谋划、科学布局，凝聚各方合力，推动政策制度有效转化，为柳叶湖幸福河湖建设提供综合性的政策保障。

（二）提升河湖综合治理能力

加强部门联动，是破解分散治理、多头管理、治标不治本等难题，统筹协调解决水资源、水生态、水环境、水安全等问题的重要措施。体现的是治理能力和建设水平提高。柳叶湖旅游度假区在河湖整治中，水利、农业农村、住建、景区管理、生态环境等部门以及镇、街道等单位围绕柳叶湖以及流域，各司其职，开展全域整治、项目建设等工作。不同行业部门协调推进，综合施策，推动实现总体最优目标。

（三）突出产业融合发展特色

柳叶湖旅游度假区充分考虑特色产业发展需求，推进河网湖塘综合整治、水系及滨水空间格局优化提升。在白鹤镇第二产业接近饱和的情况下，依托湖荡水网田园风光，进一步推进产业转型升级，大力发展现代农业、观光农业、创意农业。在柳叶湖右岸，推动知名文旅产业向周边辐射、扩展和融合，打造柳叶湖渔歌艺术营地，挖掘地方"水生态""水景观""渔文化"特色，结合产业发展催生"水经济"，将良好的河湖生态环境转化为深具潜力的城乡旅游发展增长极。

（柳叶湖旅游度假区水利局、柳叶湖旅游度假区工委宣传统战部供稿，执笔人：张燕芳、伍中正）

十里画廊的山水写意

——桃源县把夷望溪创建成群众满意的幸福河湖

【导语】

　　常德市桃源县河流众多,水网密布,水库和湖泊星罗棋布,历来有"江南水乡"之称。夷望溪发源于桃源、安化、沅陵三县交界处岭凤尖,在桃源县夷望溪镇的水心寨汇入沅江,夷望溪主流长103.9千米,流域面积734平方千米,年产水量8.3亿立方米,河宽50~150米,河流坡降5.1‰,桃源县夷望溪镇段长约25.5千米,宽约40米,水深10~20米,水色温碧,清澈透蓝,景色秀美,山水怡人,人称常德"小桂林",属于国家"3A"级旅游景区。夷望溪镇纳入河长制的河流共有10条,其中1条沅江流域夷望溪段为省级河流,县级河流3条,镇级河流6条。

　　桃源县着重通过完善河湖长制工作体系、深化"河湖"系统联治、打好河湖保护持久战、提升河湖管护能效达到河湖御洪能力提升、河湖水源调度优化、河湖生态全面修复、构建人水和谐河湖、挖掘河湖文化内涵、推动科学水管理来突出夷望溪幸福河湖建设的主要做法和取得成效。通过总结出的建立河湖保护部门联动机制、带动区域文旅发展、构建生态走廊,促进产业升级、助力乡村振兴的典型经验,发挥示范引领作用。

【主要做法及成效】

为实现"优质水资源、健康水生态、宜居水环境"的幸福河湖建设标准,夷望溪镇遵照循序渐进原则,开展夷望溪幸福河湖创建工作,主要做法如下:

（一）不断完善河湖长制工作体系

1. 严格河湖长履职

根据河湖长履职要求,坚持问题导向、目标导向、效果导向,推动"官方河长＋民间河长"履职尽责,严格按照县级河长每季度巡河不少于1次,乡级河长每月巡河不少于1次,村级河长每周巡河不少于 1 次的要求认真开展巡河。同时两级河长定期召开河长培训班和议事会议、整治突出问题、商议解决方法，通过推行河长述职、季度评比打分制度，压紧压实河长工作责任，支持、引导各镇、村两级河长和"民间河长"依法、安全开展河湖巡查、积极开展河湖保护宣传、对河湖管护提出合理化建议、及时向行政河长或河长办反映群众意见和建议、带头遵守治水护水法律法规。

2. 深化协作联动

深化"河长办 + 部门"协作联动机制，推动形成河长牵头、河长办统筹、部门各司其职、分工负责、协作联动的工作合力，形成相互协作、密切配合的联防联控联治局面，推进全流域共治。镇河长办负责组织协调、调度督导、检查考核等河长制具体工作，推动河长会议民主议定事项的落实，做好上传下达工作，指导村级开展河长制工作；镇生环办负责组织协调、督促督办全镇河道管理范围内涉及生态环保问题的整改工作；镇农业综合服务中心负责组织协调、打击处理辖区河道管理范围内的退捕禁捕工作；镇执法大队负责组织协调辖区河道管理范围内非法采砂行为的打击处理和日常巡查工作。

3. 强化督查督办

进一步完善河湖长制督查督办制度，采取联合检查与专项检查相衔接、明查与暗访相结合的方式，常态化开展"四不两直"暗访督查和专项督办，及时通报工作落实进展情况，发现问题及时交办、督促限期整改，强化重大问题曝光、约谈提醒、追责问责，推动年度重点工作和重点任务落实落地。

4. 严格考核评价

落实河长制工作考核制度，年度考核结果作为党委政府和领导干部政绩考核的重要参考，将河长制的实施情况和上级指出或交办的问题整改情况列入领导干部离任（任中）审计的重要内容。

5. 加强能力建设

持续健全基层"一办两员"体系，进一步落实河湖管护责任，强化巡河保洁人员及经费保障。组织开展基层河长、河委会成员单位人员及河湖保护志愿者培训和工作交流，提高业务能力和履职能力。

6. 强化宣传发动

全力配合"美丽河湖""优秀河长湖长""最美河湖卫士"评选，通过多渠道、多途径、多媒介，常态化组织开展河湖治理保护成效和河湖长制工作典型经验、做法的宣传展示。继续开展"河小青"等志愿者活动，打造常态化桃源"河小青"队伍体系，继续推行"官方河长 + 民间河长"双河长制，将河湖保护纳入村规民约，推动河湖保护宣传进机关、进社区、进学校、进企业，营造全社会关心支持河湖管理保护的良好氛围。

（二）持续深化"河湖"系统联治

1. 推进农业面源污染防治

持续推进化肥减量增效，推广测土配方施肥。水稻、玉米等主要农作物测土配方施肥技术覆盖率稳定在 90% 以上。以绿色种养循环农业为试点，探索建立可复制、可推广的技术模式和组织方式，促进粪肥就地就近还田利用，持续推进农药包装废弃物回收处理工作，建立完善农药包装废弃物回收处理体系。

2. 开展水土保持

科学推进水土流失综合治理。严格人为水土流失监管，推进生产建设项目水土保持全流程闭环管理，开展遥感监管，建立监管发现问题台账，依法严格查处水土保持违法违规行为。切实落实水土流失治理任务，加快推进水土流失重点治理，以山青、水净、村美、民富为目标，因地制宜打造一批生态清洁小流域，全镇水土保持率稳步提升。

3. 严格水资源管理

完善用水统计调查基本单位名录库，强化数据审核和用水总量核算管理，确保数出有源、核算有据。同时开展取用水管理专项整治行动"回头看"，加强取用水全过程监管，加大对无证取水、超许可取水和擅自改变取水用途等违法违规行为的查处力度。

4. 推进饮用水水源地环境问题整治

完成全镇"千人以上"集中式水源保护区规范化建设及突出环境问题整治任务。以饮用水水源上游水环境综合整治为重点，相继投入近 120 万元开展河湖沿岸垃圾治理，清理河道、水库垃圾，打捞水面漂浮物，清理倒树、笼网、套网，整治乱堆乱放，据统计共清理垃圾达 92.5 吨。

（三）攻坚克难打好河湖保护持久战

1. 抓好突出涉水问题整改

落实中央环保督察以及水利部、长江委、省级河湖长办等交办涉水问题的整改，强化督促督导，确保工作成效。对群众反映强烈、领导批示、媒体曝光的突出河湖问题，及时受理、交办督办，加强问题整改和问责。

2. 推进非法侵占河湖水域空间问题整治

一是纵深推进河湖"清四乱"。关停了辖区内 16 处沅江非法码头，并对关停取缔码头开展防反弹"回头看"行动，巩固整治效果。对占用水域岸线非法建房、光伏、道路、文旅设施等项目以及侵占河湖滩涂进行土地占补平衡等行为，一律依法依规处理。整治过程中退养畜禽养殖场 21 家，拆除违建房屋 1 处，整治砂石码头 2 处，拆除沅江非法矮围 2 处。

二是全面落实第8号省总河长令。配合桃源县委、县政府开展沅江夷望溪段历史尾堆清理等妨碍河道行洪突出问题专项排查整治行动,助推全县防洪安全。三是巩固库区网箱养殖清理成果。镇级各部门联动,对夷望溪网箱疑似问题进行了4次上户逐一核实和排查,做到横向到边、纵向到底,信息完整、问题准确,不留空白、不留死角,共拆除网箱养殖14家,拆除面积8000多平方米。

3. 推进河道采砂规范提质

严格落实并公告河道采砂管理责任人名单,接受社会监督。配合完成《2023—2027年沅江干流采砂规划》编制,加快配合完成新一轮县管河道采砂规划编制审批,划定可采区、禁采区,指导审批年度采砂实施方案。督促有关部门在开采完成后对采砂作业场地清理修复情况进行现场验收。将河砂开采与河道治理、尾堆清理相结合,依法合规综合利用河道疏浚砂石。依照河道疏浚砂综合利用办法,持续配合开展全县河道非法采砂专项整治行动,加强监督执法,严厉打击非法采砂。

4. 强化禁捕水域监管

加大日常巡查力度,加强禁捕水域联合执法监管,持续开展"沅江禁渔禁捕"专项行动50余次,依法严厉打击非法捕捞、非法市场交易等违法行为,刑拘非法捕鱼、电渔者6人,持续巩固退捕渔船上岸整治成果,维护禁捕水域良好环境。

5. 加强生态流量管理

根据县内明确重点河流生态流量控制断面保障责任主体,强化生态流量监测预警、调度保障措施,保障河流生态流量达标。贯彻落实《湖南省水电站生态流量监督管理办法(试行)》,开展水电站生态流量监督检查和年度评价,全面落实水电站生态流量。

(四)进一步提升河湖管护能效

1. 严格河湖水域空间管控

完成河道管理范围已划定成果省级复核整改,与区域国土空间规划衔接,推进水利普查河湖名录以外河湖管理范围划界。全面完成领导担任河湖长的河湖及应编名录内其余河湖岸线规划编制及审批工作,强化水域岸线分区管控。

2. 加强信息化监管

及时核对上级对河流卫星遥感动态数据,探索开展河湖视频监测监控,统筹河湖长制任务和基层流域管护需求。

3. 强化法治保障

全面贯彻落实《中华人民共和国长江保护法》《湖南省河道采砂管理条例》《湖南省洞庭湖保护条例》等法律法规,严格落实"谁执法谁普法"普法责任制,开展相关法律法规宣传教育，鼓励地方立法，着力强化河湖管理法治保障。

4. 推进典型河湖建设

2017 年，夷望溪由地方政府整体移交桃源大美公司进行公司化运营，同时聘请专业团队制定了发展规划，至今已投入 1200 万元对沿线的码头进行了改造，不仅新建了亲水平台，还对大樟树坪沟港进行了护坡生态治理，修建了游步道；开发了双女峰景区，让旅客游水的同时也能够体验爬山的快乐。夷望溪镇以兴隆街居委会的市级乡村振兴试点村建设为抓手，重点做好旅游村建设，着力培育一批"特色突出、产业突出、成效突出"的村庄；依托优质的生态资源，积极推进大樟树景区与夷望溪美丽河湖建设，逐步打造"一村一景，一村一韵，山水相依，玉带连珠"的夷望特色景观；不断完善旅游配套基础设施，优化管理和服务，做精做优夷望溪景点旅游；以努力构建"人在自然的生态之镇、多元文化的融合之镇、全域旅游的先行之镇、文明幸福的和美之镇"，力争早日建成高品质旅游小镇，努力实现乡村全面振兴。

（1）河湖御洪能力提升，稳固防洪保安全

构建了标准较高、协调配套的防洪减灾工程体系。

①防洪设施达标

依托流域、区域治理工程，恢复提升防洪能力；建立与乡镇规模、功能地位相适应的现代镇区水利工程体系。河道、堤防达到规划设计标准，防汛通道畅通，沿线配套设施设备管护良好，涉水构筑物设施完好，运行正常。

②灾害防御体系健全

贯彻落实"三个转变"防灾减灾救灾新理念，实施"预防为要、调度精准、防控智能、协同有序"的水旱灾害防御策略，完善水旱灾害风险防控体系。制定切实有效的防汛抗旱应急预案，健全水旱灾害防御组织，提升监测预报预警、水利工程调度和水旱灾害抢险能力；强化风险防控意识，妥善应对洪水、干旱、水源地突发性污染等风险，提高水旱灾害综合防御能力。

（2）河湖水源调度优化，保障优质水资源

全面加强了水污染防治，积极开展各类节水行动，坚持量水而行，以供定需，通过科学调度、严格管理，为全镇人民提供优质的水资源。

①水源调度合理

提高镇用水高峰期和应急供水功能；加强非常规水源利用，加大污水处理。

②水质达到标准

水质达到水功能区标准或水质目标要求，未划定水功能区划的河湖，水质不得低于省市有关要求；集中式饮用水水源地水质达标率达到100%。

③污染管控有序

河湖排污口设置规范，监督管理符合相关标准；依法取缔封堵各类非法入河湖排污口，严厉打击偷排、不达标排放等违法行为。严格控制面源污染，提升生产生活污水收集处置率、达标率，加强种植业、畜禽养殖污染管控，切实改善水生态环境质量。开展全域节水行动，强化取水许可审批和监管，严格控制用水总量，切实加强取用水过程监督管理。

（3）河湖生态全面修复，复苏健康水生态

加强河湖生态的整体性保护、系统性治理，持续推进"夷望溪样板河"建设，优化河湖生态环境，发挥以点带面的引导作用，使全镇河湖水生态环境质量得到明显改善。

①优质水环境

强化生态流量水量保障，加强生态流量监测、预警和考核。拆除沅江矮围，逐步消除人为因素造成的断流河段，恢复河流各类水体的自然连通。

②健康水生态

河岸植被覆盖完好，河道水陆植物搭配合理，逐步修复水生植物、鱼类、鸟类等生物栖息繁衍环境。

③清洁水面貌

落实河湖保洁和管护经费，开展日常沅江河道及堤岸保洁，全面清除水污染源；同时加大巡查管护力度，严禁河湖岸边设置垃圾堆放点，保证河湖岸坡无废弃物。

（4）构建人水和谐河湖，打造宜居水环境

宜居水环境承载着人民群众的美好愿望，为人民群众的幸福之源。鼓励调动社会力量参与河湖的治理和保护，积极开展群众身边河湖的便民、利民、乐民设施建设，实现人与河湖的和谐共生。

①人水和谐

在集镇及村民集聚区合理设置濒水休闲区，在不影响安全的前提下，合理布置亲水便民配套设施，满足居民亲水需求。

②河湖安全

在河湖险工险段处设置安全警示标识；在旅游开发、水上活动、人类活动密集、学校附近等河湖区域设置安全警示标识，并配备必要的安全救生设施设备。

③群众满意

积极推进河湖管护公众参与，河湖管护纳入"村规民约"，提高群众参与度的同时，提升沅江两岸群众满意度。

（五）挖掘河湖文化内涵，弘扬先进水文化

坚持"在保护中发展、在发展中保护"的先进水文化，构建与河湖资源相适应的经济结构、产业布局和生产方式，让历史水文化得到传承弘扬，现代水文化形态不断呈现。

1. 挖掘水文化

结合沅江文化，突出水历史、水文化的传承弘扬，深入挖掘水文化遗产的人文价值，调查梳理水文化遗产，不断丰富提升河湖文化内涵；开展水文化相关活动，以河长制为依托，充分调动各方面参与水治理的积极性，引领全社会形成"爱水、惜水、节水、护水"的良好风尚，彰显水文化特色和水文化自信。

2. 延伸水服务

结合全域旅游布局，依托河湖水域、水利枢纽，大力推进水利风景区、亲水乐水载体建设，丰富水文化展示方式。依托水文化载体建设，围绕乡村振兴战略，按照全县总体规划、旅游发展规划等，探索"河湖＋文旅＋致富"模式，带动镇域经济发展。

3. 保护水遗产

推进水文化遗产调查工作，建立资料基础档案；科学开展水文化遗产保护工作，分级分类做好文化遗址遗迹的保护修缮；充分发挥水文化遗产的教育、启迪、激励和凝聚作用，妥善处理保护与利用的关系，在保护传承的基础上科学合理利用水文化遗产，实现水文化遗产资源的可持续发展。

（六）强化河湖管理保护，推动科学水管理

以河长制为抓手，强化河湖管理保护，保持河湖水域岸线空间完整，推进河湖水生态监测和健康评估，有效发挥河湖综合功能。水域管理保护。严禁影响河湖行洪、供水、生态等公益性功能的各类活动，加强水域利用行为管理，确保水域功能不减退。规范涉河项目建设，严控除水利、交通、能源等重大基础设施项目以外的水域占用行为，强化涉河建设项目前期引导、许可规范、影响补偿和实施监管。加强岸线管理保护，全面排查河湖岸线范围内生产建设项目情况，整治岸线违法占用行为，完成开发利用不合理岸线的清理整顿，做好腾退岸线的复原复绿。

【经验启示】

（一）加强部门联动，凝聚治水合力

根据《夷望溪镇河湖长制工作要点》《夷望溪镇夷望溪样板河建设工作实施方案》等文件，由镇河长办、镇执法大队、镇农业综合服务中心等10个部门常态化开展河湖"清四乱"、退捕禁捕、妨碍河道行洪突出问题的排查整治等河湖管护工作，配合县水利、公

安、交通运输、自然资源、生态环境、市场监管、畜牧水产等部门对非法采砂、非法开采矿产资源、非法捕捞等行为进行严厉打击，形成强大治水合力。

（二）突出因地制宜，发展特色产业

夷望溪镇水资源丰富，夷望溪流域群山环抱，树木葱郁，两岸青山如屏，翠竹成荫，溪水清澈透明，如同碧玉，成为桃城人民闲暇时光的好去处，被人们称为"沅江小桂林"。近些年来，夷望溪镇大力推进大樟树景区与夷望溪美丽河湖建设，并将二者有机结合，打造成了一道独具特色的沿河风景线。

（三）依托示范引领，助力乡村振兴

夷望溪镇以夷望溪幸福河湖建设为抓手，打造乡村文旅休闲区，依托夷望溪良好的生态资源，沿岸村居的种养大户成立了农民专业合作社，大力发展了水稻、茶叶、渔业、家禽等种养产业，吸纳了一批村民在家门口实现就业，为乡村振兴注入了新的活力和生机，持续巩固了脱贫攻坚成果。

（桃源县河长办、夷望溪镇政府供稿，执笔人：曾超、李小芳）

做好乡村振兴"水"文章

——津市市水系连通及水美乡村建设的实践

【导语】

津市市位于湖南省西北部，澧水中下游，享有"江南明珠"之美誉。城市内山清水秀，环境恬静，山、河、湖、城浑然一体，东濒洞庭湖，南临沅江，北近长江，西北道水、涔水、澹水回绕。澧水干流横贯全境，河岸长达 76 千米，境内有大小湖泊 21 个，河流 11 条，水库 28 座，总共水面 1.2 万公顷。面积 6250 公顷的西毛里湖为湖南省最大的溪水湖。澧水干线由西往东流入洞庭湖，北出松滋、虎渡两河沟通长江，为四通八达的水道网。

2020 年 4 月至 2021 年 12 月，津市市作为全国首批 55 个试点县之一，实施了水系连通及水美乡村建设。项目建设总投资 4.53 亿元，在全国水系连通及水美乡村建设试点县建设的强劲带动下，通过采取水系连通、河道清障、清淤疏浚、岸坡整治、水源涵养林建设、景观人文、防污控污及河湖管护等 8 项工程措施，对全市农村范围内 8 个重点湖泊、66 条河道及 43 口面积在 2 公顷以上的湖塘进行综合整治，全员参与整治了全城水系连通工程，有效改善农村水系格局。

【主要做法及成效】

自 2020 年 4 月，水利部、财政部公布试点县名单后，市委、市政府高度重视，把水系连通及水美乡村建设试点县作为基础设施领域补短板、稳定有效投资的重要内容，列入全市重点工作强力推动。主要是挖掘现有水系、渠系、内湖、湿地的优势和潜能，实施清淤疏浚、内湖、撇洪河堤防整治和连通改造治理，配套新建一批引、提、蓄、调水源工程以及河、湖连通渠系、闸站工程，构建蓄泄兼筹、引排自如、丰枯调剂、多源互补、生态健康的河湖水系连通网络体系。

（一）聚焦生态，坚持高点定位强规划、优布局

1. 坚持全域整治理念

立足津市小而精致的优势，以毛里湖流域为主线，联动全流域、融合多业态，对全市8个重点湖泊，66条农村河道和43口农村湖塘实施全流域系统化、功能化、生态化、智慧化改造，涵盖全市4镇50个建制村（社区），总面积457.83平方千米，构建"一环两线三片四镇五节点"美丽河湖生态空间体系。

2. 坚持"治水先治污"路径

坚持治水与治污同步设计、同步施工、同步验收，投入300多万元对新洲小河、毛里湖双河口等7处临河排污节点实施控污截污，铺设雨污分离管网45千米，实现农村旱厕全面清零，农村生活污水集中处理，水生态环境质量持续好转。

3. 坚持生态发展定位

围绕"一镇一特色、一水一主题"的水美乡村生态新蓝图，将绿色生态设计与乡村振兴、南北双环全域旅游发展战略有机衔接，打造双河口、庹家峪溪、陈家汉等7个美丽屋场，白衣庵水利风情区、药山文昌阁梦里水乡等11个重点示范性景观，使河湖水资源优势转化为经济优势、生态优势和发展优势，使水系治理更有温度，使百姓生活更有温情，享受到更有质感的幸福。

（二）聚焦速度，坚持高位推动抓落实、解难题

1. 强化组织领导

实行"五级领治"，构建"书记牵头、党委总揽、政府主导、水利主抓、部门配合、镇村参与"责任机制。四大班子共同调研，市委常委会、政府常务会专题研究；党小组会、屋场会直面民意、汇聚民智，使津市市成为全省最早启动开工建设的试点县。

2. 强化资金保障

建立政府投资、市场融资、社会筹资、群众投劳的多元化资金筹措模式，市财政对试点县建设给予重点支持、优先保障，落实中央资金1.5亿元，省专项资金500万元，本级财政配套资金9500万元；整合水利、农业、环保等项目资金5000多万元，引导湖南润农、山河集团、毛里湖湿地公园等社会、金融资本1.5亿元参与试点县建设，保障了项目的顺利实施。

3. 强化部门联治

从水利、财政、自然资源、生态环境、农业农村等部门抽调17人组建试点县建设指挥部，实行集中办公，联系工作的人大常委会副主任驻点指挥、全程调度。各项目镇相应成立以党委书记挂帅、镇长牵头、分管领导具体负责的项目推进领导小组；建立了会商、通报、督查、考核等制度，实行一周一通报、一月一调度、半年一观摩、年终一考核，形成了全力以赴抓落实、促落实的工作氛围。

（三）聚焦质量，坚持高质量实施建机制、严监管

1. 健全质量监管体系

建立"项目法人负责，监理单位控制，总承包单位保证、中介全程跟踪审计、政府质量监督核查、群众广泛参与"的质量监管机制，制定出台了市试点县建设实施方案、农村河道及湖塘整治工程奖补考核办法、"四议两公开"工作制度、财务管理制度、档案管理办法、长效管护激励机制等一系列制度文件，严格落实项目法人制、招投标制、监理制、合同制、公示制、市级报账制"六制"。

2. 创新质量监管模式

创新性引入第三方跟踪审计制度，由市审计局委托中介单位成立现场质量跟踪审计小组，实行工程建设全过程跟踪审计，独立于"五方责任主体"之外行使监督取证权，每月定期向市审计局上传跟踪日志、现场图片及取证资料。聘请"两代表一委员"为质量监督员，对发现重大质量问题的实行激励机制；设置项目公示牌，加大项目信息公示力度，接受社会监督。

3. 严格质量督导检查

市委、市政府主要领导深入工作一线，调研试点县建设质量情况，现场指导协调项目推进难题；指挥部靠前指挥、贴近管理，常态化开展进度督促、质量巡检，定期召开工作分析会，破解难题，督促进度；镇街领导驻点服务、全程参与，发现问题现场督办、现场解决。所有单元工程质量合格率达 100%。

（四）聚焦示范，坚持高标准推进提品质、树形象

1. 探索建设治理新模式

对于重点整治的河道或湖泊采取 EPC 总承包方式，压缩项目建设周期，节省建设时间。对于一般农村河道和湖塘的治理则发挥镇村主观能动性，采取以奖代补、四议两公开的方式实施。对于社会资本投资的项目，坚持自我主导的原则进行合理开发和建设，指挥部加强统筹协调和引导工作。

2. 探索全民共建新模式

充分发挥镇村和群众"主人翁"意识，激活群众力量，自主关停畜禽养殖场 7 家、拆除拦网拦坝 1000 多米、退养鱼塘 15 口，未发生一起阻工现象和群体信访、上访事件，形成了镇村自筹资金协调施工环境的"毛里湖样板"，发动群众投工投劳的"新洲麓山经验"和借力乡贤捐款、创新群众共建共管机制的"白衣模式"等一大批经验典型。

3. 探索智慧治水新模式

在河湖长制常态化巡护的基础上，以数字化、信息化技术做好河湖常清常美的"加法"，率先在全省探索建立县级智慧水利平台，对涉水项目实行动态监测、实时感知，实施水网、路网、绿网、管网"四网统筹"、全方位管控，使水系管护从"一时美"向"持久美"转变。

2020年，在全国水系连通及农村水系综合整治试点县建设的强劲带动下，改善和提高了农村防洪排涝标准与灌溉条件，优化了水资源配置，如期实现了水灾害防御好、水污染防治好、水生态修复好、水资源利用好、水文化传承好、水空间管理好的"六好标准"。改善了农村水环境和人居环境，提高了百姓的居住幸福指数。创新了"水利＋生态旅游"发展模式，激活社会资本参与康养旅居等项目建设，通过"水景观"获得了"水经济"，促进了农村经济发展。一条条闭水畅流的安全行洪通道，水清岸绿的自然生态廊道，共享健康的文化休闲漫道，高质量发展的生态经济带，正在津市大地熠熠生辉。村在山中，水在村中，人在园中。山水村融为一体的水美乡村芳容初绽。

【经验启示】

（一）领导重视，高位推动

市人民政府成立了试点县建设指挥部，由分管农业的副市长任组长，市人大常委会副主任任常务副指挥长，工作人员从水利、财政、自然资源、生态环境、农业农村等部门抽调17人。指挥部坚持一月一调度、一周一会商的工作机制，从会场到现场、从方案到施工，哪里有矛盾，指挥部领导就会出现在哪里，把问题和矛盾解决在萌芽状态，为项目建设任务的顺利完成提供了坚强的组织和机制保障。

（二）勇为人先，敢于创新

该项目在全省同批试点县和常德市水利行业率先采取EPC、以奖代补两种模式实施，首次引入跟踪审计机制，取得了一系列好的经验和成果，真正做到了工程安全、资金安全、人员安全，先后有省内10多个兄弟县（市、区）来津市市考察学习交流。

（三）广泛发动，借力宣传

通过多形式宣传发动，形成了镇村自筹资金协调施工环境的"毛里湖样板"，发动群众投工投劳的"新洲麓山经验"和借力乡贤捐款、创新群众共建共管机制的"白衣模式"等一大批经验典型。分别在《人民日报》、水利部规划计划司的工作简报、《中国水利报》、《湖南日报》、《常德日报》等媒体发表报道30多篇，编制《战报》10期。通过发放纸质问卷和二维码扫码填写两种方式开展群众满意度调查，满意度100%。

　　津市水系连通不仅仅是一条条小河、一口口池塘，更将经济发展连在了一起，大力推进生态水系建设，做好乡村振兴"水"文章，是有效的生态屏障，护在水一方和谐安宁。

（津市市河长制工作委员会办公室、津市市融媒体中心供稿，执笔人：谢朝武、高格格）

传承弘扬水文化　让山水自成画境

——安仁县推进幸福河湖建设加注乡村振兴"水"动力

【导语】

安仁属湘江流域的洣水中下游，境内有大小河流99条，中型水库3座，小型水库107座。洣水一级支流永乐江贯穿南北，流经金紫仙镇、承坪乡、安平镇、平背乡、牌楼乡、永乐江镇、渡口乡7个乡镇51个行政村（社区），安仁境内河段长96.0千米，流域面积1352平方千米。

安仁旅游资源具有景点多、山水奇、原生态等特点，底蕴深厚的神农文化、福寿文化在境内打造出众多的人文景观，神农谷、义海寺等景点令人叹为观止。随着经济社会的发展和人为的破坏，河湖疏于管理，加之垃圾倾倒堆积、水葫芦蔓延等，导致流通阻断、水质恶化、生物栖息地破坏等问题突出，与推进生态文明建设格格不入。

2017年以来，安仁县全面深入贯彻落实习近平生态文明思想，深入推进河长制，以"防洪保安全、优质水资源、健康水生态、宜居水环境、先进水文化、绿色水经济"为目标，以抓好河道保洁"八大机制"、河道综合治理为主攻方向，构建河道长效管护机制，全面改善农村水生态环境，将河湖长制元素和水文化融入永乐江沿岸风景，并以点串线带面，推进幸福河湖建设，开创河湖长制工作新局面。

安仁县根据境内的水生态环境实际情况，围绕永乐江这一纵贯安仁全境的主轴线，着力推进水利建设与市政工程、环保绿化、农村人居环境整治、生态文明建设等工作的深度融合，以"特色、典型、人文、引领"为目标，结合河流特性和人文特色，构建起人、水、城、乡和谐共生的生态环境，积极打造永乐江沿江风光带、稻田公园、国家湿地公园、熊峰山国家森林公园"一江三园"，打造了一批具有导向性和可复制性的幸福河湖，全面强化碧水保卫战成效，为乡村振兴建设加注新活力。

永乐江治理前后对比

【主要做法及成效】

自全面实施河长制以来，安仁县以习近平生态文明思想为指导，深入践行绿水青山就是金山银山的发展理念，进一步健全责任明确、分级管理、监管严格、保护有力的河湖管理保护机制，以"特色、典型、人文、引领"为目标，加快建设造福人民的幸福河，推动河湖管护再上新台阶。

永乐江治理后

（一）资源整合，铺开流域河湖生态画卷

安仁县多措并举，累计投入 8 亿余元，整合水利、市政等项目，结合永乐江沿江风光带、稻田公园、国家湿地公园、熊峰山国家森林公园"一江三园"建设，开展永乐江治理，合计清淤疏浚 5.865 千米，修建护堤 69.08 千米，建成亲水平台 15 处，沿河景观 6 处，设置湿地保育区 458.47 公顷，湿地恢复 282.03 公顷，科普宣教区 218.98 公顷，建设了集护堤、防洪、美化于一体的永乐江风光带，有力维护了河流自然生态健康，形成全域山水林田湖草良性循环的生态系统，彰显出"城在林中建，水在城中流，人在绿中走，家在美中住"的山水田园生态城市的独特魅力。一年四季，居民们都喜欢沿永乐江风光带两岸漫步、休闲、健身。

（二）握指成拳，共护河湖水系生态底色

聚焦河湖长效管护，县委、县政府举旗定向，进行精心谋划、科学部署，积极构建各方力量参与的全员护河湖格局，积极探索建立河道保洁"八大工作机制"。一是"民间河长"助推机制，安仁县河库卫士工作站多次组织开展"净滩行动"等志愿行动，及时完成"河小青"活动中心建设，形成了共管、共治、共享的河流管护机制；二是各级河长河道"包干"责任机制，每条河流的各级河长负责河道保洁巡查工作，对发现问题及时督办，确保永乐江流域干净整洁；三是电站保洁责任区域划分机制，落实电站保洁责任，明确闸坝上下游各500米为各电站的保洁范围，完善河道保洁"服务外包"与电站保洁"区域管理"相结合的保洁机制；四是公司化运作机制，严格管理，每年安排990万元，将全县所有河道、沟渠、水库、山塘等水域保洁工作实行服务统一外包，由公司实行常态化、专业化的河道保洁服务，按季度考核后支付服务费用；五是互联网＋河道保洁远程监控机制，积极推进"智慧水利"建设，建设全县河库管护信息系统，实现130个河库视频实时监控，对39个县级河流点进行实时视频监控；六是资金保障机制，除了将河长制、河道保洁工作经费纳入财政预算外，结合洁净乡村行动增加保洁工作经费；七是责任考核机制，水域保洁实行一季度一考核、一通报，年终总排名，对排名靠前靠后乡镇分别给予相应奖惩；八是公众评价机制，

稻田公园

2020 年以来，在政府门户网站开展河长制工作公众评价调查的基础上，拓展移动端公众参与评价调查渠道，河长制工作好评率均达到 86.89% 以上。

（三）全面发力，变绿水青山为金山银山

安仁县依托特有的山水美景和特有的神农文化等资源，做足"水文章"，着力打造"水清岸绿、鱼翔浅底"的流动水景观，推进旅游发展提质增效，把绿水青山变成金山银山；稻田公园总投资 2.3 亿元，是集生态农业、科普教育、观光旅游、休闲娱乐于一体的"农业公园"。公园面积达 5 万余亩，以永乐江、排山河为核心，连片稻田 1.4 万亩，还包含万亩茶园、万亩果园、千亩荷花园、生态庄园、观鹭园、稻香村、水上乐园、滨江游园、农耕博物馆等。公园在保持原生态、原生产模式不变的前提下，将公园元素融入稻田，与永乐江、神农景区、熊峰山国家森林公园融为一体，山、水、田园浑然天成，流连其间，恍入人间仙境。这里春有油菜花，夏有映日荷，秋看金色浪，冬赏田园雪。既能领略刀耕火种的传统农耕文化，又可参观机械化、标准化的现代农业示范，既是农业项目的综合展示，又是观光休闲的旅游胜地，每年油菜花开接待游客超过 20 万人次。

熊峰山国家森林公园

永乐江国家湿地公园规划范围内永乐江总长 31.25 千米，公园上游紧邻熊峰山国家森林公园，湿地总面积为 782.26 公顷，自然湿地面积占总面积的 68.21%，人工湿地占总面积的 1.91%。

【经验启示】

安仁县河湖管护初见成效，为美丽乡村建设和人居环境的改变作出了有效的探索，增强了水体自净能力，水环境质量得到明显改善。

（一）要加大宣传力度

河长制工作的推进不仅要依靠政府高位推动及部门联动，更要靠媒体的宣传发动引导群众从认识到熟悉、再到积极参与，逐步转变观念，牢固树立尊重自然、顺应自然、保护自然的理念，处理好河湖管理保护与开发利用的关系，坚持生态优先、绿色发展优先的原则，营造全社会关注河库、保护河库的良好氛围，推动河长制工作走深走实。

（二）要从源头上进行管控

做好岸上、水上文章，综合施策、齐抓共管，抓实农药化肥减量工作，减轻农业面源污染。做好农村环境卫生整治，垃圾清理、转运及时，防止岸上垃圾入河。

（三）要切实落实责任

要牢固树立保护生态环境就是保护生产力，改善生态环境就是发展生产力，绿水青山就是金山银山的绿色发展理念；要站在全局的高度推进和谋划河长制，各级领导既要挂帅又要出征，要建立以党政领导负责制为核心的河长制责任体系，明确各级河长职责，各部门要凝聚合力，整体推进河长制工作。

（四）创新模式享生态福祉

安仁县河流蕴养了丰富的旅游资源，无论是药香飘逸的神农文化，还是有着天然氧吧之称的熊峰山国家森林，或是功能齐全的稻田公园，都吸引了大量的游客。通过政府搭台，构建河湖健康生态，将自然资源转化为绿色产业资源，打通"绿水青山"向"金山银山"的转化通道，使老百姓在家门口就能创业就业，享受好山好水的红利，不断推动幸福河湖创建与发展乡村经济、实现乡村振兴的互促共进同提升、深度融合同频振，为推动幸福河湖创建和实现乡村振兴相结合探索了一条生态发展之路。

（安仁县河长办供稿，执笔人：段桂安、李小川、侯茂源、李飞）

当幸福河湖的领跑者

——汨罗市农村小微水体治出水环境新貌

【导语】

汨罗是水利大县，汨罗江穿城而过，境内河、湖、渠、库（塘）众多。近年来，汨罗市以党建为龙头、"五化"为引领，将河湖长制工作向纵深推进、向横向延伸、向小微水体拓展，并结合农村人居环境整治等重点工作，率先建立小微水体"五无"标准，创新推行"支部建在河道上""河长＋护河警长＋检察长""1+16+X"（市河长办＋镇河长办＋志愿者）等工作机制，大力实施小微水体治理样板区建设，把绿水青山就是金山银山的生态理念融入小微水体治理之中，取得明显成效。

治水、护水、美水，昔日一条条"龙须沟"蝶变为"生活秀带"和"发展绣带"。端午源头、龙舟故里、诗歌原乡汨罗，正借力河湖长制工作促发展，悄然亮出了"文旅汨罗"新名片。

【主要做法及成效】

走进汨罗市罗江镇天井村献礼塘屋场，治理后的小溪清波荡漾，新修建的亭台楼阁绿树掩映，一排排农家小院点缀在青山绿水间，让人眼前一亮。这也是罗江镇响应市河长办的决策部署，对全镇2个小型山塘及池塘、10多条沟渠进行治理修缮后，形成有绿水、有鱼苗、有水榭楼台的小微水体治理样板区域，成为百姓的"口袋公园"。这是汨罗市全力推进农村小微水体整治"三年行动"的缩影。

目前，汨罗市（县）级集中饮用水水源稳定保持在Ⅱ类水质，国控监测断面优良率达100%，汨罗江汨罗段、兰家洞水库曾获评湖南省"美丽河湖"，河湖长制成效展示获得水利部表彰。

（一）治水，蹚出呵护"毛细血管"创新路径

新年伊始，气温骤降，可汨罗市桃林寺镇三新村热火朝天。冬天风比较大，村中水坝、沟渠和山塘水面漂浮物陡增，"守护好一江碧水"桃林寺镇三新村护水活动小组组长先下

达指令，村组党员干部带领志愿者分片负责进行清理，岸上水里变得清清爽爽。这是汨罗市打通河湖长制工作"最后一公里"，着力管护乡村小微水体的一个场景。

汨罗市境内河、湖、渠、库（塘）众多，大河有河湖长管护，小微水体点多面广，"身边污染"是监管短板。汨罗市创新工作路径，将农村小微水体纳入河湖长制管理范畴，率先在桃林寺镇三新村试点，"党员协理＋支部建在河道上"双轨并行，对村组小微水体进行精准管护。

聚焦消除"身边污染"，三新村村级河湖长制工作着力构建"党总支＋党支部＋党员护水先锋岗"三级管理体系和"河长＋保洁员＋监督员"责任体系，采用目标管理、村规民约、垃圾处理日常保洁模式，发挥协会、民间河长、志愿者联动作用，常态化全方位保护乡村水环境，生态环境问题随时可以得到整改，当地生态环境也持续改善，成了一处"样板工程"。

尝到了"甜头"的汨罗人自我加压，力争开创全市乃至全省呵护"毛细血管"新路径的"汨罗样本"。在充分调研的基层上，该市河长办以"四治"引领，清理整治农村小微水体，率先蹚出呵护"毛细血管"创新路径。

为了明晰责任制，汨罗率先出台《汨罗市农村小微水体整治三年行动方案》《汨罗市农村小微水体整治实施方案》，将全市 14 处市管河流、40 处镇级河流、349 座水库、全部沟塘、渠道纳入推行党建＋河湖长制管理，247 名干部担任各级河湖库长，以村民小组为单元，对小微水体进行划分片区，设立小微水体"一长两员"（河长湖长、管理员、监督员），建立"总支＋支部＋党小组"工作体系，实行网格化管理，厘清管治责任。

为了分类分步治，汨罗市率先给小微水体建立"身份证"，确立小微水体"五无标准"（无违建、无淤积、无垃圾、无障碍物、无污染），按照"全面摸排，分类建档，分步整治"工作原则，开展小微水体拉网式排查，应录

桃林寺镇三新村小微水体

175

尽录；所有小微水体按管理类、整治类分类建档，台账管理；整治类小微水体按"轻重缓急"分步实施整治。

为了示范引领治，汩罗市率先采用"以奖代投"方式，按照"生态治理，样板先行"工作原则，对小微水体整治工作突出的市财政予以奖代投，先行建设一批样板点，以点促面。

为了督查激励治，汩罗市率先将小微水体管护纳入"村规民约"内容，统一制作党员护水先锋岗公示牌，开通监督电话，建立小微水体管护工作群，创新"1+16+X"（市河长办＋镇河长办＋志愿者）工作机制，开展河湖长制进校园等拓展公众参与水体治理、保护渠道，提升水环境保护意识，充分发挥群众主体参与和监督作用。

一石激起千层浪。目前，汩罗市河长办逐步在全市推广"支部建在河道上"经验，开展乡村水源保护、黑臭水体治理、生活垃圾分类、厕所革命等一系列专项行动，打造示范点 41 个，连片联治小微水体 1217 处，有效推动河湖面貌持续改善。

（二）护水，铺开"小河洁净大河清"新画卷

蓝墨水的上游是汩罗江。屈原和杜甫两位伟大的爱国诗人，都与汩罗江有不解之缘。两个心怀家国的伟大诗魂，在同一条江河里融汇在一起，奏出了慷慨悲壮的千古绝唱。千百年来，汩罗江静静流淌，成为 72 万汩罗人的母亲河。

古老的汩罗江，不老的情愫。进入新时期，沿岸的码头能"生财"，保留还是拆除？新建的大道要"过河"，是填河还是架桥？"得会算账，但不是只盯着眼前的小账，要会算'远账'。"汩罗市一任任决策者坚持"老规矩"，将生态保护作为最大的"民生"。

绿水青山，就是金山银山！"守护好一江碧水"是人们的热切期盼，也早已成为汩罗市委、市政府新时期生态文明建设的指南。该市提出立足"全域保护"的概念，以汩罗江流域为重心示范引领，以"河畅、水清、岸绿、景美"为目标，将河湖长制工作向纵深推进、向横向延伸、向小微水体拓展，打通护水"最后一公里"，把维护良好水环境、涵养美好新生活作为最大的"民生工程"。

"工程"要落地，没有"实招"不行。汩罗市从思想、机制、方法上创新求变，坚持"组织引领，党员示范，群众参与"，以组织引领一体化、河库管理网格化、水环境保护常态化、人居环境整治一体化、幸福河湖建设全员化等"五化"为抓手，着力河湖长制与基层党建工作有机融合，打造"共建、共治、共享"河库治理新格局。

汩罗市突出"党政引领"，制定实施方案，成立市委书记、市长挂帅的河委会，市委书记、第一总河长朱平波，市长、总河长林恒求等市级领导带头巡河，最大限度调动行政层面和社会层面的治水力量的同时，创新实施"培训一套工作班子、完善一个数据系统、解决一批重点问题、建立一套责任体系、做好一篇结合文章、制定一个年度工作要点"的

"六个一"管理制度。

该市创优工作机制，全市第十二届人民代表大会第二次会议将河湖长制列为人大"一号议案"；市政府出台"加强江河湖库保护的'十条禁令'"；水利、环保、住建、农业、交通等部门建立联动机制，率先推行"河长＋护河警长＋检察长"工作模式，并组织发动"党员河长""民间河长""护河警长"共同守护母亲河。

将河湖长制工作纳入全市综合绩效考核的重要内容，与评先评优直接挂钩。健全完善10条市管河流治理规划的编制工作细化方案、明确责任。将各河湖库主要任务按年度分类上图明确时间节点做到河长"治河"挂图督战，确保河（湖）长制工作干在实处走在前列。

该市还创新河长巡河"双轨制"，实行双河长护水，推行网格管理，对全市13处市管河湖、40条镇管河流网格管理"三级河长"工作责任打桩定位，各级各部门治水、民间河长管水、志愿者护水，已成为汨罗市河湖保护的常态。

采用"法治、德治、自治"相结合的办法，群策群力治水。首先强化法治保障，市、镇、村三级河长带头，职能部门积极参与，常态化开展"清四乱"；强化德治带动，成立村新时代文明实践所，组建志愿服务队，志愿者服务全覆盖；强化村民自治，将河湖长制纳入村规民约，制定幸福河湖"六不公约"，增强群众水环境保护自律意识。

目前，该市的120名民间河长、1506名志愿者，参与到保护"母亲河"的行列中，发挥着不可替代的作用。汨罗江水质已稳定保持在Ⅲ类以上。汨罗江汨罗段、兰家洞水库获评全省美丽河湖。汨罗江上，"漫江碧透、鱼翔浅底"的美景又回来了！

（三）美水，造就令人向往的"诗与远方"

绿波荡漾的水面、干净舒适的步道、小而美的"口袋公园"……汨罗江边，人们早就过上了"家门口就有美景"的好生活。从"沿溪不见溪"到"近水更亲水"，"小微水体"的嬗变成为"美丽汨罗"建设的生动注脚。

路漫漫其修远兮，吾将上下而求索。如今，汨罗市正打造"幸福河湖"升级版，铺开"一镇一样板"美丽河湖建设，做活生态、旅游、文化、民生相结合的"水文章"，把水环境"颜值"变成经济"价值"。

借力被誉为"龙须沟"的李家河、友谊河等治理问题，汨罗市委书记、市长多次夜巡河道，召集相关部门负责人现场研讨，治理后的李家河、友谊河成为城区的"生活秀带"。每逢节假日，来生态走廊游玩的，不少是外地的游客，促进了文旅产业发展，让幸福不仅看得见，更能摸得着。

生态福利，文化魅力，汇聚成高质量发展的气质。勤劳与智慧的汨罗人，不仅仅满足于现状，在保护和修复汨罗江生态的同时，更注重发掘本土文化底蕴，结合特色活动，打造汨罗江生态文化品牌。从长乐的故事会，到新市烧宝塔文化旅游节，到汨罗江国际龙舟节龙舟邀请赛，再到中国·汨罗江国际诗歌艺术周，汨罗市正串起汨罗江沿线集镇"生态、民俗、美食、文化"景点，亮出"世界有条汨罗江"生态文化旅游新名片，将其融入岳阳"楼岛湖"水上旅游线，打造"楼岛湖江"水上旅游发展新格局。汨罗正以"汨罗江"之名，向世人展示生态文化"发展绣带"。

治理后的友谊河

守护好一江碧水，母亲河两岸锦绣。大小齐治、水岸同治，一条条生态长廊、宜居长廊和富民长廊生机勃勃地蜿蜒于汨罗江平原，福泽汨罗儿女，惊艳四方。世界有条汨罗江——当一些地方仍在为改善水质而战时，端午源头、龙舟故里、诗歌原乡汨罗，正借力河湖长制工作促发展，悄然亮出了"文旅汨罗"新名片。

汨罗江，正成为越来越多人的"诗与远方"！

汨罗江端午龙舟竞渡

【经验启示】

农村小微水体治理，有效畅通了"毛细血管"肌理，水环境不断美化，美丽河湖给人民群众带来的获得感不断提升。

（一）农村小微水体要党建统领，明晰责任治

农村小微水体点多面广，"整治与管理"必需并举，要充分发挥基层党组织和党员的先锋模范作用，大力推进"党建+"工作模式。要厘清责任，乡镇党委和政府是小微水体整治的实施主体和责任主体，小微水体管护以行政村为单元，小组为主，小微水体"一长两员"是责任人。

（二）农村小微水体要因地制宜，示范引领治

小微水体个体复杂，其所在地经济社会、地理水文等条件及本身功能系统，水质污染成因及程度不同，应因地制宜系统考虑区域特点、分步分类、多措并举、综合治理。一方面要科学分类。乡镇根据小微水体现状调查和评估，将小微水体划分为整治、管护两类，整治类小微水体整治达标纳入管护类，动态管理。另一方面要示范引领。小微水体整治任务重，不可能一蹴而就，必须分步推进。通过对小微水体按轻重缓急、生活集居区与无人区等方式分类，以点带面示范引领治。2021年7月，汨罗市河长办相继出台《汨罗市农村小微水体整治三年行动方案》《汨罗市农村小微水体整治实施方案》，明确了路线图、责任书。

（三）农村小微水体要聚集合力，常态常效治

小微水体量多，治理投入大，工作保障是基础。2021年年始，汨罗市及早推行涉水项目工作联审制，将小微水体整治纳入水利、农业、环保、发改、林业等部门项目实施规划内容，高起点谋划项目支撑；将河湖保护纳入村规民约，"谁受益，谁负责"，群众自筹，吸引民间资金，聚集治水合力。常态化开展"清四乱"，突出"三清"（清面、清乱、清养）、"三个重点治理"（即重点治理环水体排污口；重点治理环水体违章建筑、乱倒、乱堆等"四乱"问题；重点治理水体及周边垃圾）。常态压茬推进小微水体整治，实现小微水体治得好、管得住。

（汨罗市水利局供稿，执笔人：周志勇、钟争光）